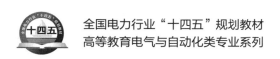

全国电力行业"十四五"规划教材

高等教育电气与自动化类专业系列

电力系统 PSCAD 仿真实践与案例

吕艳玲　主　编

徐　骁　副主编

侯仕强　参　编

中国电力出版社

CHINA ELECTRIC POWER PRESS

内 容 提 要

本书全面系统地讲解了 PSCAD 的基础操作及其在电力系统分析中的应用。全书共分 5 章，前 3 章主要介绍了 PSCAD 的主要设置、基本操作、主元件库和自定义元件、数据和程序接口。为进一步提升读者对该软件的应用理解，第 4、5 章讲解了当前电力系统运行与分析热点问题的开发要点及其所对应的仿真实例。读者不仅可以迅速掌握 PSCAD 的操作方法，而且能根据实例对具体工程问题进行独立的分析。此外读者可通过扫描书中二维码观看视频教程，以帮助提高学习效率。

本书难度适中，适用群体广泛，可作为理工科相关专业本科生专业课、研究生学习 PSCAD 的指导用书，也可用作电力工程从业者与科研技术人员的参考工具书。

图书在版编目（CIP）数据

电力系统 PSCAD 仿真实践与案例/吕艳玲主编 . —北京：中国电力出版社，2024.5
ISBN 978-7-5198-8748-3

Ⅰ.①电…　Ⅱ.①吕…　Ⅲ.①电力系统-系统分析-应用软件②电力系统-系统仿真-应用软件
Ⅳ.①TM7-39

中国国家版本馆 CIP 数据核字（2024）第 062705 号

出版发行：中国电力出版社
地　　址：北京市东城区北京站西街 19 号（邮政编码 100005）
网　　址：http：//www.cepp.sgcc.com.cn
责任编辑：张　旻
责任校对：黄　蓓　马　宁
装帧设计：赵珊珊
责任印制：吴　迪

印　　刷：廊坊市文峰档案印务有限公司
版　　次：2024 年 5 月第一版
印　　次：2024 年 5 月北京第一次印刷
开　　本：787 毫米×1092 毫米　16 开本
印　　张：12.5
字　　数：311 千字
定　　价：49.00 元

前　言

随着新型电力系统的发展，电力系统结构和运行方式变得越来越复杂，对其安全稳定运行的要求越来越严格。正常运行分析、事故前的预判和事故与故障后的分析，都离不开仿真分析。PSCAD（Power Systems Computer Aided Design）是国际上广泛使用的电磁暂态仿真软件。该软件图形界面及仿真模型直观，元件模块库丰富，可用于研究电力系统的暂态过程，同时也适用于一般电气电子线路的仿真分析。EMTDC（Electromagnetic Transients including DC）是软件的仿真计算核心，PSCAD是EMTDC的前置处理程序。

PSCAD作为一种电力系统仿真软件，具有大计算容量、准确完整的元件模型库、稳定高效的计算内核、友好直观的界面等特点，目前已被多国的科研机构、大学和电气工程领域工程师广泛使用。

本书共分为5章，第1章和第2章主要涵盖入门级的环境介绍、主要设置、基本术语及主元件库的介绍；第3章介绍中高级的自定义元件、数据与程序接口等；第4章讲述工程实践中的开发要点；第5章结合当前新型电力系统研究的热点，给出了双馈风机运行、微电网控制、高压直流输电、双馈风电接串补系统次同步振荡、单馈入LCC-HVDC系统的换相失败辨别等仿真实例，从而方便读者更快理解和掌握该软件。

本书第1章~第3章由哈尔滨理工大学徐骁编写，研究生李广煜负责对以上章节图片的处理及校核工作；第4章由哈尔滨理工大学侯仕强编写；第5章由哈尔滨理工大学吕艳玲编写，研究生李广煜、钟晨、刘航、史大雷等同学针对此章做了大量的仿真、录入和校对工作。全书由吕艳玲统稿，由北方民族大学李学生、大连理工大学晁璞璞审稿。在此对在编写过程中所得到的各方面的大力支持和帮助，表示深深的感谢。

本书采用通俗易懂的语言讲解建模方法、建模过程和参数设置，使PSCAD的建模变得容易，使读者有更多的时间和精力去挖掘现象产生的机理。书中提供大量的视频，讲解软件的基本功能和新能源电力系统的案例分析，读者可扫描二维码观看、学习。

本书可作为普通高等院校电气工程、自动化等相关专业的教材，也可作为电力系统相关专业工作人员、电力知识爱好者的学习资料和参考用书。

限于编者水平，书中难免存在疏漏和不足之处，恳请广大读者批评指正，提出宝贵意见。

编　者

2024年2月

目　　录

前言
第1章　PSCAD 使用及操作环境简介 ································· 1
1.1　PSCAD/EMTDC 简介 ······································· 1
1.2　操作环境设置 ··· 2
1.3　基本术语和定义 ··· 16
1.4　工作环境 ·· 18
第2章　PSCAD 基本特性及元件介绍 ·························· 27
2.1　工程 ·· 27
2.2　元件和模块 ··· 27
2.3　新建元件概述 ··· 27
2.4　新建项目 ··· 29
2.5　在线绘图与控制 ··· 29
2.6　Master Library 元件介绍 ································· 52
第3章　用户模型自定义与接口 ······························ 80
3.1　用户模型自定义基本操作 ································· 80
3.1.1　设计编辑器 ·· 80
3.1.2　编辑组件或模块定义 ································ 80
3.1.3　返回电路视图 ······································ 80
3.1.4　图形区 ·· 81
3.1.5　参数部分 ·· 87
3.1.6　条件语句、层 ······································ 89
3.2　用户模型自定义创建示例 ································· 90
3.2.1　组件模型的创建实例 ································ 90
3.2.2　元件模型的创建实例 ································ 90
3.3　数据级接口实现 ··· 91
3.4　程序级接口 ··· 93
3.4.1　调用外部 Fortran 子程序 ··························· 93
3.4.2　PSCAD/EMTDC 与 MATLAB 接口 ·················· 94
第4章　工程实践开发要点 ·································· 97
4.1　工程仿真模型框架搭建 ··································· 97
4.1.1　HVDC 整体构架安排 ······························· 97
4.1.2　交流系统模型 ······································ 98
4.1.3　整流站和逆变站模型 ································ 98

    4.1.4　控制保护策略 ･･ 98

  4.2　工程仿真建模难点介绍 ･････････････････････････････････････ 101

第 5 章　工程实践实例应用 ･･････････････････････････････････････ 103

  5.1　简单电力系统模型搭建 ･････････････････････････････････････ 103

    5.1.1　简单电力系统模型建立 ･････････････････････････････････ 103

    5.1.2　电力系统短路故障建模与仿真 ･････････････････････････ 106

    5.1.3　距离保护建模与仿真 ･･･････････････････････････････････ 107

  5.2　双馈风力发电系统建模与仿真 ･･･････････････････････････････ 111

    5.2.1　双馈风力发电系统基本工作原理 ･･･････････････････････ 111

    5.2.2　双馈风力发电系统数学模型 ･･･････････････････････････ 111

    5.2.3　双馈风力发电系统仿真模型 ･･･････････････････････････ 116

    5.2.4　仿真分析 ･･･ 117

  5.3　微网系统建模与仿真 ･･･ 126

    5.3.1　光伏发电系统的组成和工作原理 ･･･････････････････････ 126

    5.3.2　光伏电池等效数学模型 ･････････････････････････････････ 127

    5.3.3　光伏发电遮阴建模与仿真 ･････････････････････････････ 129

    5.3.4　含光伏、风电、微型燃气轮机的微网系统建模与仿真 ････ 131

  5.4　高压直流输电系统建模与仿真 ･･･････････････････････････････ 143

    5.4.1　常规高压直流输电系统仿真 ･･･････････････････････････ 143

    5.4.2　电压源换流器的高压直流输电系统建模与仿真 ･････････ 151

    5.4.3　直接电流控制的高压直流输电系统建模与仿真 ･････････ 154

  5.5　新能源电力系统一次调频系统建模与仿真 ･･･････････････････ 157

    5.5.1　新能源电力系统概述 ･･･････････････････････････････････ 157

    5.5.2　新能源电力系统建模 ･･･････････････････････････････････ 157

    5.5.3　一次调频仿真分析 ･････････････････････････････････････ 160

  5.6　双馈风电接串补系统次同步振荡建模与仿真 ･･･････････････ 163

    5.6.1　双馈风电接串补系统介绍 ･････････････････････････････ 163

    5.6.2　双馈风电接串补系统组成及次同步振荡原理 ･･･････････ 163

    5.6.3　双馈风电接串补系统次同步振荡仿真 ･････････････････ 164

  5.7　单馈入 LCC-HVDC 系统的换相失败辨别 ･････････････････ 168

    5.7.1　换相失败及背景概述 ･･･････････････････････････････････ 168

    5.7.2　换相失败辨别仿真模型的建立 ･････････････････････････ 169

    5.7.3　换相失败辨别仿真分析 ･････････････････････････････････ 176

附录 A ･･ 179

参考文献 ･･ 194

第 1 章　PSCAD 使用及操作环境简介

本章主要介绍 PSCAD 的操作环境和工作区域的设置以及相关术语，使读者了解 PSCAD 的结构。可作为工具章节需要时查询使用。

1.1　PSCAD/EMTDC 简介

丹尼斯·伍德福德博士于 1976 年在加拿大开发完成了 EMTDC 的初版。现如今 PSCAD 成为世界上广泛使用的电磁暂态仿真软件，其中 EMTDC 是其仿真计算核心。PSCAD 为 EMTDC 提供图形操作界面，它极大地增强了 EMTDC 的能力，使用户可以在一个完全集合的图形环境下构造仿真电路，运行、分析结果和处理数据，保证并提高了研究工作的质量和效率。EMTDC 现已被广泛地应用于电力系统许多类型的模拟研究（包括交流研究、雷电过电压和电力电子学等研究）。EMTDC 开始时在大型计算机上使用，在 1986 年被移植到 Unix 系统和以后的 Windows 系统上。

作为一种电力系统仿真软件，PSCAD/EMTDC 可以实现以下功能：

（1）可以发现系统中断路器操作、故障及雷击时出现的过电压；

（2）可对包含复杂非线性元件（如直流输电设备）的大型电力系统进行全三相的精确模拟，其输入、输出界面非常直观、方便；

（3）进行电力系统时域或频域计算仿真；

（4）电力系统谐波分析及电力电子领域的仿真计算；

（5）实现高压直流输电、FACTS 控制器的设计。

PSCAD/EMTDC 是一种模拟工具，用于在时间域描述和求解完整的电力系统及其控制的微分方程（包括电磁和机电两个系统）。它不同于潮流和暂态规定的模拟工具，后者主要使用稳态解来描述电路（即电磁过程）。相比之下，PSCAD/EMTDC 通过求解电机的机械动态微分方程（即转动惯量方程）来模拟电机的机械运动。PSCAD/EMTDC 的结果是基于时间的即时值进行求解。通过内置的转换器和测量功能，例如有效值表计，快速傅里叶变换频谱分析等，可以将这些结果能被转换为矢量的幅值和相角。

实际系统的测量能够通过很多途径来完成。由于潮流和稳定的程序是通过稳定方程来代表，它们只能基频段幅值和相位。因此 PSCAD 的模拟结果能够产生电力系统所有频率的响应，限制仅在于用户自己选择的时间步长。这种时间步长可以在毫秒到秒之间变化。

典型的研究包括以下方面。

（1）研究电力系统中由于故障或开关操作引起的过电压。它也能模拟变压器的非线性（即饱和）这一决定性因素。

（2）多运行工具（Multiple run facilities）经常用来同时对不同故障发生位置及不同故障的类型进行数以百计的模拟，从而分析在不同情况下发生故障时最坏的情况。

（3）在电力系统中找出由于雷击发生的过电压。这种模拟必须用非常小的时间步长来进行（毫微秒级）。

（4）研究电力系统由于 SVC，高压直流接入，STATCOM，机械驱动（事实上任何电力电子装置）所引起的谐波。这里需要详细的晶闸管、GTO、IGBT、二极管等的模型以及相关的控制系统模型（模拟量的和数字量的两种类型）。

（5）对给定的扰动，找出避雷器中最大能量。

（6）多重运行工具常被用来同时自动调整增益和时间常数。

（7）当一个大型涡轮发电机系统与串联补偿的线路或电力电子设备互相作用时，研究次同步谐振的影响。

（8）STATCOM 或电压源转换器的建模（以及它们相关控制的详细建模）。

（9）研究 SVC HVDC 和他非线性设备之间的相互作用。

（10）研究谐波谐振，控制，交互作用等引起的不稳定性。

（11）研究柴油机和风力发电机对电力网的冲击影响。

（12）绝缘配合。

（13）各种类型可变速装置的研究，包括双向离子变频器、运输和船舶装置。

（14）工业系统的研究，包括补偿控制、驱动、电炉、滤波器等。

（15）对孤立负荷的供电。

现在新版的 PSCAD/EMTDC 不但有工作站版（Workstation），而且有微机版（PC版），其大规模的计算容量、完整而准确的元件模型库、稳定高效率的计算内核、友好的界面和良好的开放性等特点，已经被多国的科研机构、大学和电气工程师所广泛采用。

MATLAB 虽然使用很方便，但所得出的仿真结论在行业内的认可程度较低。而PSCAD/EMTDC 因拥有完整全面的元件库，稳定的计算流程，友好的图形界面，使它在全世界得到了广泛的应用。

1.2　操作环境设置

PSCAD 的主要设置可分为三个层次：对整个软件起作用的设置，即 System Settings 和 Application Options。对 Workspace 起作用的设置，即 Workspace Options。对单一项目起作用的设置，即 Project Settings 和 Canvas Settings。主要设置如图 1-1 所示。

1. 系统设置（System Settings）

System Settings 对话框可通过单击功能区的 PSCAD Tab—System Settings 打开，其中包含 License 和 Associations 页面如图 1-2 所示。

（1）License。License 页面主要用于许可参数选择和特性。所选择的许可类型（Certificate 或 Legacy）不同，该页面的内容将不同。不同页面的切换通过 Application Options 对话框的 Certificate Licensing 页面中 Licensing Service 的选择进行控制，该选项选择 Legacy Licensing 时的 License 页面如图 1-3 所示。

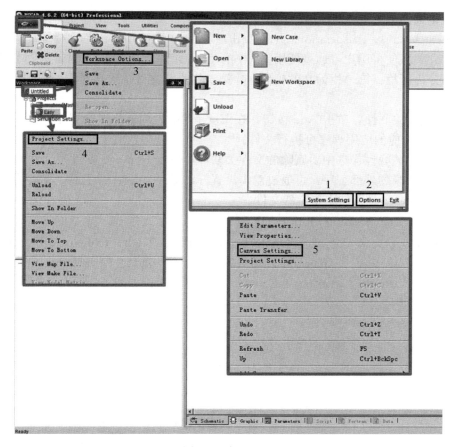

图 1-1 主要设置

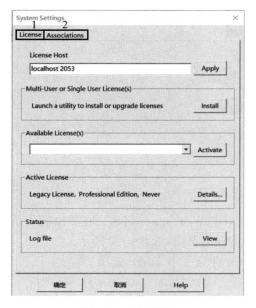

图 1-2 系统设置

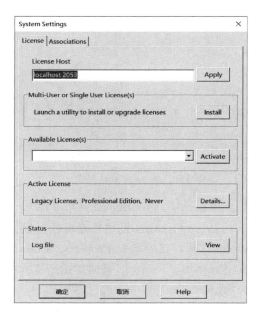

图 1-3 License 页面

本页面相关内容可参考 PSCAD 软件手册。

（2）Associations。Associations 页面如图 1-4 所示，主要用于设置文件关联性。此时指定的所有文件关联使得用户可通过使用 File reference 元件，在 PSCAD 中启动外部程序。

该界面分为两栏：第一栏为文件扩展名，第二栏为与文件扩展名对应的应用程序可执行文件的路径。

1）添加文件关联性：单击 Add 按钮，在 Extension 栏内输入某个扩展名，并在 Application 栏中指定相应的应用程序可执行文件；

2）删除文件关联性：选中要删除的文件关联性，单击 Remove 按钮；

3）启动相关联的外部程序：可通过双击设置好的 File reference 元件，启动相应应用程序并打开 File reference 元件中指定的文件。

2. 应用选项（Application Options）

Application Options 对话框可通过单击功能区的 PSCAD Tab—Options 打开，如图 1-5 所示，其中包含 Workspace、Simulations、Environment、Graphics、Blackboxing、Dependencies、External Tools、Certificate Licensing 和 Comparison Tool，页面如图 1-6 所示，具体内容可扫描二维码 1-1 进行学习。

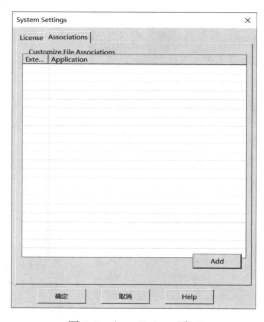

图 1-4　Associations 页面

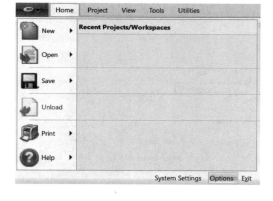

图 1-5　应用菜单

3. 工作区选项（Workspace Options）

Workspace Options 设置界面可通过鼠标右键单击 Workspace 名称，在弹出的菜单中选择 Options 打开，其中具有 Projects、Build 和 Runtime 页面，如图 1-7 所示。

（1）Projects。Projects 页面如图 1-8 所示。其中包含了多个用户选项。

1）Auto-Save：

• Before building：Save all changes/Do not save changes。设置为 Save all changes 时，编译项目时将对其自动保存。

二维码 1-1

应用选项简述

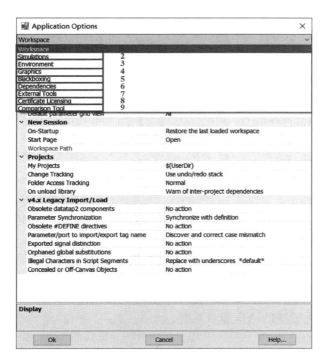

图 1-6　应用选项

图 1-7　工作区选项

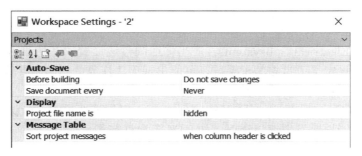

图 1-8　Projects 页面

• Save document every：PSCAD 将按这里指定的时间间隔自动保存所有在 Workspace 中加载的项目文件。选择 Never 时，PSCAD 将不会自动保存。

2）Display：

• Project file name is：Visible/Hidden。选择 Visible 时，将同时在 Workspace 窗口中显示项目名称和文件名称。

3）Message Table：

• Sort project messages：always/whencolumn header is clicked。消息列表窗口中消息排序的方式。

（2）Build。Build 页面如图 1-9 所示。用于调整编译器检查设置和消息。

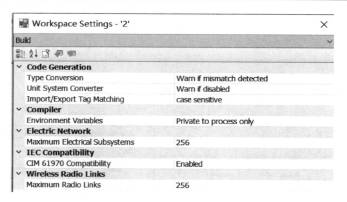

图 1-9　Build 页面

1）Code Generation：

• Type Conversion：No action Warn if mismatch detected。当不需要产生信号类型转换警告时，可设置为 No action。

• Unit System Converter：No action Warn if disabled。当不需要提示单位系统转换器被禁止时，可设置为 No action。

• Import/Export Tag Matching：case sensitive/not case sensitive。在编制代码时，大小写敏感对于支持诸如 C 和 C 之类对大小写敏感的语言非常重要。

2）Compiler：

• Environment Variables：Private to process only Inherit from operating system。使用个性化基于过程的环境设置能减小安装多个 Fortran 编译器时产生的冲突。该选项设置为 Private to process only，以避免编译器设置问题。

3）Electric Network：

• Maximum Electrical Subsystems：应当仔细调整该设置。在仿真效率和内存使用上存在一个平衡。如果定义了过多的子系统，可能出现无法恢复的超出内存错误。

4）IEC Compatibility：

• CIM 61970 Compatibility：Enabled Disabled。启用该选项时将确保与 CIM 61970 标准的兼容性。但可能导致发生编译错误，如 CIM 不允许三相母线。

5）Wireless Radio Links：

• Maximum Radio Links：大量的 radio links 将降低整体性能。在 Workspace 需要大量，存储空间时可增加该值。

（3）Runtime。Runtime 页面如图 1-10 所示，用于调整编译器检查设置和消息。

1）General：

• Maximum Concurrent Execution：指定能并发执行仿真的最大数目。

• Communication Port Base Value：该值定义了对每个仿真打开通信端口的基准范围。当多个 PSCAD 实例运行于同一机器上时，可改变该值以避免地址竞争。

• Storage Notification Level：当某个仿真的内存需求超过该值时，在仿真运行前将产生一个警告消息。

2）Console Messages：

• Maximum Duplicates：在运行过程的每个步长中，EMTDC 都可能向输出窗口发送

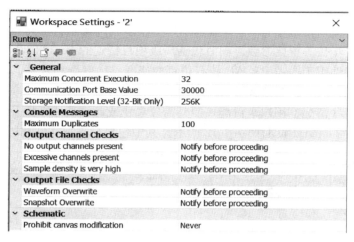

图 1-10　Runtime 页面

消息，使用该选项可禁止该情况的发生。若设置为 None，PSCAD 将仅显示第一条消息并忽略后续的。在某些情况下，可使用该选项来避免产生重复的消息。

3）Output Channel Checks：

• No output channels present：No action/Notify before proceeding。PSCAD 将根据项目运行发送警告信息，以表明无输出通道。

• Excessive channels present：No action/Notify before proceeding。检查用户是否请求过多数量的输出通道。如果输出通道数目很多，用户应根据需要进行显示，否则系统仿真将执行缓慢。

• Sample density is very high：No action Notify before proceeding。检查用户选择的采样数目对系统显示和内存是否过大。仿真步长过小和运行时间过长时将出现这种情况。例如，1s 的运行时间加上每毫秒绘图一次，每条曲线将具有 1M 的数据点。这些都是确保曲线和图形具有良好性能持续运行的上限。

4）Output File Checks：

• Waveform Overwrite：Noaction Notify before proceeding。该选项在项目运行时的输出文件将要被覆盖时提供一个警告窗口。

• Snapshot Overwrite：No action/Notify before proceeding。该选项在项目运行时的快照文件将要被覆盖时提供一个警告窗口。

5）Schematic：

• Prohibit canvas modification：Never During runtime。选择 During runtime 时，运行期间画布不允许修改，以避免无意的改动。

4. 项目设置（Project Settings）

Project Settings 对话框可通过在 Workspace 区内右击项目名称，在弹出的菜单中选择 Project Settings 打开。或在该项目已在工作区打开的画布空白处单击右键，在弹出的菜单中选择 Project Settings 打开。也可通过功能区控制条菜单 Project—General Settings 打开。其中有 General、Runtime、Simulation、Dynamics、Mapping、Fortran 和 Link 页面，如图 1-

11 所示。

Project Settings 对话框中包含了与 PSCAD 中大多数仿真控制相关的特性和设置。诸如总仿真时间和仿真步长等重要参数。同时包括高级项目特定的 PSCAD 和 EMTDC 的特性及处理，这些高级特性用于增强 PSCAD 执行仿真的速度、精确度和效率。Project Settings 对话框为用户提供了访问和控制这些特性的手段。多数用户不会关注这些高级设置，而将其设置为默认值。但某些情况下用户也可能按照其需要禁止或允许某些特性及处理。

（1）General。General 页面如图 1-12 所示。其中包含与项目文件和版本相关的特性。

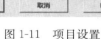

图 1-11　项目设置

图 1-12　General 页面

1）Namespace：

所有元件定义通过该属性链接至该项目。仅 Library 项目的该属性可以修改，Case 项目的 Namespace 与项目文件名相同，且仅能在使用另一个名称保存项目文件时可以修改。该属性可确保元件定义的正确链接，因这些链接不依赖于实际的项目文件名。

2）Description：

该域用于输入项目的单行描述。该描述将显示于 Workspace 窗口中项目名称的旁边。在该域中不能使用引号和单引号。

3）Labels：该域用于为项目添加标签。

4）Full Path：

显示项目文件的路径和文件名。该域仅用于显示而不能通过 Project Settings 对话框修改。

5）Relative Path：

仅显示项目文件名。该域仅用于显示而不能通过 Project Settings 对话框修改。

6）Revision Tracking：

Product Version：创建该项目的 PSCAD 发布版本。

File Version：该项目文件的版本。

First Created：该项目首次创建的日期和时间。

Last Modified：该项目最近一次修改的日期和时间。

Author：创建或修改该项目的人。

（2）Runtime。Runtime 页面如图 1-13 所示，包含运行期间最常访问的项目参数。

1）Time Settings：

这些都是非常重要且是仿真分析最常用的设置。

Duration of run(sec)[s]：以 s 为单位的仿真总时长。如果从 0 时刻启动，则该时间为运行结束时刻。如果从快照文件启动（预初始化状态），则该时间为从快照起始时刻开始的运行时长。

Solution time step(us)[us]：以 us 为单位的 EMTDC 的仿真步长，默认值为 50us。该值对多数实际电路是一个较优的步长。但是用户需确认所选择的步长适用于其仿真。该输入设置了 EMTDC 内部变量 DELT 的值。

Channel plot step(us)[us]：该值为 EMTDC 向 PSCAD 发送用于绘图的数据，以及向输出文件写数据的时间间隔单位为 us。它通常是 EMTDC 仿真步长的整数倍。通常使用的 250us 绘图步长具有良好的精度和速度。

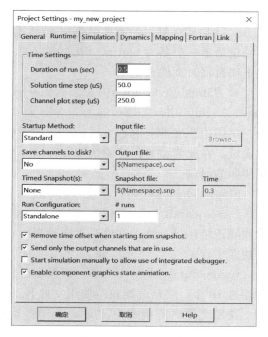

图 1-13　Runtime 页面

由于从 EMTDC 向 PSCAD 传输的数据量过大（所带来的绘图精度提高不会很大），较小的采样间隔（更高的采样速率）将显著降低仿真速度。用户可针对给定的项目尝试使用该数值。如果采样间隔过大，则波形的起伏较大。调试 Case 时，良好的做法是绘制每一步的仿真数据，即绘图采样时间和 EMTDC 仿真步长相同。

富有经验的工程人员也会常出现的错误是设置了相对信号中噪声的水平和时间过大的绘图步长。如果周期性信号的频率接近于绘图频率，所看到的输出将与实际信号存在很大的差异。一个基本原则是，如果对所看到的仿真输出绘图的结果存在怀疑，可使用与 EMTDC 仿真步长相同的绘图步长来运行该 Case，并对结果进行比较。绘图步长可在运行期间（或从快照启动后）修改。

2）Startup Method：Standard/From Snapshot File。

提供了在 PSCAD 中启动一个仿真的方法：标准启动（即从 0s 时刻启动），以及从快照文件启动。

Standard：启动 EMTDC 仿真的标准方法是简单地从未初始化状态开始（即从 0s 时刻）。这也是最常见的仿真启动情况。

From Snapshot File：某些情况下用户可能希望从一个预设状态启动仿真。初始状态不能直接在特定的元件内输入，但可以运行一个 Case 至稳态，然后在运行期间的某个时刻拍摄快照。所有相关的网络数据将存储于一个快照文件中，用户可使用该文件从已初始化的状态启动仿真。紧靠该域包括了一个名为 Input file 的输入域，在此可输入想要使用的快照文件的名称。需要注意的是：当从快照文件启动时，必须确保没有改变快照拍摄时刻后的电路。

3）Save channels to disk？：No/Yes。

用户可将项目中所有的输出通道信号存储于某个文件，以进行后续处理。输出文件以标准 ASCII 格式存储，所有的数据以列形式存储，存储的时间步长为设置的绘图步长。紧靠该域包括了一个名为 Output file 的输入域，在此为输出文件指定名称，输出文件将默认地位于项目临时文件夹中。

4）Timed Snapshot(s)[s]：None/Single(Once Only)/Incremental(Same File)/Incremental(Many Files)。

拍摄快照文件有两种方法：单一和增量快照。紧靠该域包括了一个名为 Snapshot file 的输入域，在此为将要创建的快照文件输入名称。另一域为 Time，在此输入以秒为单位的拍摄快照的时刻。

Single(Once Only)：将在 Time 域指定的时刻拍摄一个快照。

Incremental(Same File)：该方式将在 Time 域指定的时刻首次拍摄快照，其后以该时间为间隔连续拍摄，快照文件在每次拍摄时将被覆盖，用户所得到的将是在最后时间拍摄的单一快照文件。

Incremental(Many Files)：该选项可保存多达 10 个独立的快照文件。若拍摄的快照文件超过 10 个，将从开始重复使用文件名。

快照文件名的格式为：base_name_♯♯.snp。用户仅需提供 base_name（在 Snapshot file 域中），其余部分将自动添加。

5）Run Configuration：Standalone/Master/Slave。

当前 PSCAD 有两种执行多重运行的方法，这里提供的是最基本的一种。该方法将与主元件库中的 Current Run Number 和 Total Number of Multiple Runs 元件联合使用。紧靠该域包括了一个名为 ♯runs 的输入域，在此输入运行的总次数（该值将用于设置 Total Number of Multiple Runs 元件）。

注意：其他的多重运行方法涉及主元件库中的 Multiple Run 和 Optimum Run 元件，此时不能启用该选项。

余下勾选项还有如下内容。

Remove time offset when starting from snapshot：该选项与从快照文件启动方式相关。选中该选项将强制所有绘图的起始启动时刻显示为 0s 时刻，而忽略快照拍摄的时刻。如果不选中，初始启动时刻将显示为快照文件所拍摄的时刻。

Send only the output channels that are in use：选中该选项将关闭所有未在图形中绘制或在仪表中监测的通道，从而可极大减小仿真的内存需求，略微提高仿真速度。需要注意的是，在启用了 Save channels to disk？选项后，所有的输出通道数据将写入 EMTDC 输出文件而不受该选项的影响。

Start simulation manually to allow use of an integrated debugger：该选项将允许用户手动控制仿真的运行过程，同时使用外部编译器。

Enable component graphics state animation：该选项将禁止/允许所有元件的动态图形。由于动态图形算法将增加处理器负荷，禁止该选项将有助于提高那些包含多个动画的 Case 的速度。

（3）Simulation。Simulation 页面如图 1-14 所示。它提供了某些对 EMTDC 运行的控制。

1）Network Solution Accuracy：

以下输入参数将影响求解速度。

Interpolate switching events to the precise time：为计入开关设备（即在运行过程中导纳将发生改变的元件）在仿真采样时刻之间发生的动作，EMTDC 的电气网络求解使用了线性的插值算法来求解准确的开关时刻。这是 EMTDC 的默认行为，对于精确地仿真开关设备至关重要（如 FACTS 模型）。

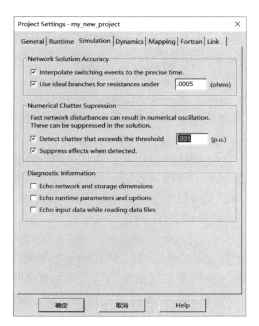

图 1-14　Simulation 页面

Use ideal branches for resistances under[Ω] 理想支路算法用于 EMTDC 中的零电阻和理想无穷大母线电压源。紧靠该域包括了一个阈值输入域。用户可通过为电压源电阻输入小于该阈值的电阻值或直接输入 0.0Ω 来创建无穷大母线。同样的，可通过为二极管的导通电阻、断路器的闭合电阻输入小于该阈值的电阻值或直接输入 0.0Ω 来创建 0 电阻支路。该阈值默认为 0.000 5Ω。由于该算法常用于非理想计算，因此推荐采用非 0 值输入，该阈值默认为 0.000 5Ω。

2）Numerical Chatter Suppression：

以下输入参数与被称为颤振的数值振荡的检测和去除有关。

Detect chatter that exceeds the threshold[p. u.]：颤振是 EMTDC 所使用的梯形积分算法固有的一种数值振荡现象，且通常由突然的网络干扰所引起（电流或电压）。EMTDC 连续监测颤振，并在需要时进行消除。紧靠该域包括了一个阈值输入域，在此可输入用于颤振检测的阈值，低于该值的颤振将被忽略（默认值为 0.001pu）。

Suppress effects when detected：选择该选项后，一旦检测到颤振将触发一个颤振抑制进程。

3）Diagnostic Information：

以下输入参数对于仿真项目的调试过程非常重要，并建议高级用户使用。由这些设置所产生的信息将出现在 Runtime 页面窗口中的非标准消息分支下。

Echo network and storage dimensions：显示网络和存储阵列维度。

Echo runtime parameters and options：显示运行相关选项。

Echo input data while reading data files：显示从 data 和 map 文件读入的所有数据。

（4）Dynamics。Dynamics 页面如图 1-15 所示。它与 EMTDC 系统的动态行为有关。

1）Signal Storage：

Store feed forward signals for viewing：当选择该控制时，每一仿真步长的所有声明的

数据信号变量（前馈和反馈信号）将被传输至并从其分配的 EMTDC 存储阵列中提取。若禁止该控制，则只有那些必须被传输至存储（反馈信号）的声明变量才被考虑，所有其他变量将被视为临时的，并在每仿真步长结束时被丢弃。

必须注意的是工具提示（飞跃提示）将从存储中提取被监测的信号值，因此，如果该控制被禁止，所有前馈信号值将不会在工具提示中显示。对较小的项目，切换该控制对仿真速度的影响很小。如果项目越来越大且包含了很多的控制信号，则该特性可能有助于提高速度。

2）Signal Flow：

Compute and display flow pathways on control wires：选择该选项以在控制信号线上显示信号流向（即带有 REAL、INTEGER 或 LOGICAL 数据类型的信号线）。

3）Buses：

Treat multiple buses with matching names as the same bus：选择该选项能将多个具有相同名称的母线视为同一母线，即具有相同名称而图形上分离的母线点将在电气网络中代表相同的 EMTDC 节点。

4）Unit System：

Enable unit conversion and apply to parameter values：选中该选项以启用单位系统。启用单位系统将有可能造成先前版本创建的 Case 项目的编译失败，这通常是由于现存元件中的输入参数单位无法被单位系统编译器识别。若出现了编译失败，应当：

- 查询输出窗口中的错误消息，通过定位问题来源定位错误源。
- 查看元件的参数。
- 搜索输入值的一列，查找非数字符号。该符号通常表明输入单位与为该输入参数定义的目标单位不匹配。

（5）Mapping。Mapping 页面如图 1-16 所示。它涉及 EMTDC 网络求解导纳矩阵的优化。

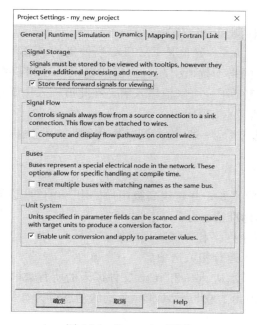

图 1-15　Dynamics 页面

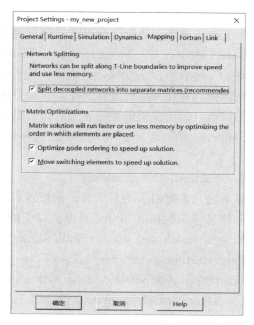

图 1-16　Mapping 页面

1）Network Splitting：

Split decoupled networks into separate matrices：网络求解方法需要大量的计算资源尤其是涉及经常性投切的支路。若选择该选项，较大的网络将被分解为多个较小的子网络或子系统。一旦主电气网络被分解为子系统，每个子系统可独立求解。

2）Matrix Optimizations

Optimize node ordering to speed up solution：节点排序优化是基于 PSCAD 的算法，它将 EMTDC 电气网络导纳矩阵中的节点重新编号，从而优化求解速度。可通过使用 Tinney 算法，利用矩阵稀疏性来优化电气网络导纳矩阵。

Move switching elements to speed up solution：经常性投切支路将被辨识并重新排序，从而可在支路导纳变化时（一次开关动作）优化导纳矩阵的重新三角化。开关排序算法将节点分为两种类型。

- 与开关元件不连接或连接有开关元件，但不经常性动作（即断路器和故障）的节点。
- 连接有经常性开关元件（即三极管、GTO、IGBT、二极管、浪涌抑制器和可变 RLC 等）的节点。

注意：可通过将电气型连接的 electrical connection port type 改变为 Switched 类型，从而用户元件中的电气连接将被设置为类型 2 节点。

开关排序算法将经常性开关节点（即类型 2）移至导纳矩阵的底部。所提升的 EMTDC 求解速度将正比于节点数目和给定电气网络中开关支路的数目。

（6）Fortran。Fortran 页面如图 1-17 所示。其中包含了用于控制基于编译器的错误和警告消息的参数，同时还列出了编译所需的源文件，这些源文件可根据需要进行附加。

1）Runtime Debugging：

Enable addition of runtime debugging information：该选项将为编译过程增加某些附加信息，从而能更有效地利用 Fortran 调试器。如果选中该选项，应当同时选中以下 Checks section 中所有可用的选项。当 PC 上的程序崩溃时，操作系统将以对话框询问用户是否需要调试 Case。若选择 Yes 且选中该选项，Fortran 调试器将加载源文件，并指向引起崩溃的代码行。

2）Checks and Warnings：

Array & String Bounds：选择该选项后，用户访问非法阵列地址时程序将终止。例如，若阵列 X 长度为 10 且用户具有 X(J) 的源代码

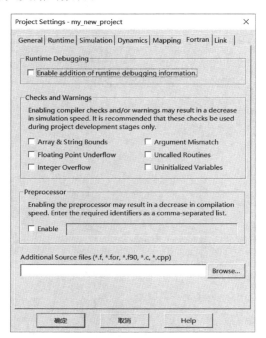

图 1-17　Fortran 页面

行，一旦 J 大于 10，程序将终止并给出正确的消息。如果不选中该选项，程序将继续执行，最终可能引起崩溃，增加了原因追踪的难度。在测试新组件时应当使用该选项，它将降低仿真速度，降低的程度随所使用机器的不同而不同，当需要加快仿真速度时可禁止该选项。

Floating Point Underflow：浮点下溢。该选项对调试过程有用，但同样会引起仿真速度不同程度的降低。

Integer Overflow：整数上溢。该选项对调试过程有用，但同样会引起仿真速度不同程度的降低。

Argument Mismatch：当参数类型（REAL、INTEGER 等）与子程序声明（对于函数同样可用）的类型不匹配时，Fortran 编译器将产生警告消息。不要忽略该警告消息，它可能产生无法预测且难以追踪的结果。

Uncalled Routines：Fortran 编译器将在某个例程未在程序中调用时产生警告消息。

Uninitialized Variables：某个变量在使用前若未赋值时将产生警告消息。通常其原因是源代码编制中的失误。

3）Preprocessor：

Enable：该选项提供了启用/禁用 Fortran 预处理器的能力，对 Intel 和 GFortran 编译器均适用，默认为禁用。其右文本输入域可输入预处理标识符列表，用逗号分开。

4）Additional Source files（*.f，*.for，*.f90，*.c，*.cpp）：

该输入域使得用户能链接一个或多个外部源代码文件，以使它们加入至相关项目编译的过程中。一个外部源代码文件包含了一个或多个子程序，可在使用这些子程序的元件的 Fortran 段内调用。

在该域中引用的文件可使用绝对或相对路径。例如，一个具有绝对路径的文件引用为 c:\temp\test.f。

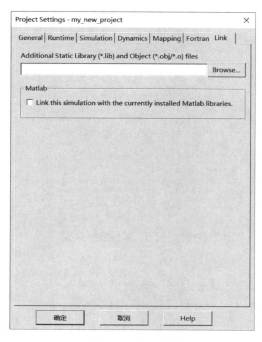

图 1-18　Link 页面

若仅输入文件名，PSCAD 将假定源文件位于项目文件自身所处的相同目录下，并将该路径附加至该文件名。也可在相对路径中使用标准的目录浏览特性。例如，如果一个名为 test.f 的源文件位于项目文件目录的上一级，则文件输入可写为 ..\temp\test.f。当输入多个源文件时，每个输入必须至少以一个空格、逗号或分号分开，例如，testl.f，test2.f，test3.f。

该输入域仅接受如下类型的源文件：Fortran：*.f，*.f90，*.for。C：*.c，*.cpp。

（7）Link。Link 页面如图 1-18 所示，用于预编译库（包括 MATLAB 相关的库）和目标文件的链接。

1）Additional Static Library（*.lib）and Object（*.obj/*.o）Files：

该域允许用户指明在项目编译前必须链接的 Fortran 目标文件（*.obj）或库文件（*.lib）。目标文件和库文件通常用于具有大量与用户编制子程序相关联的自定义模型中，此时创建库或目标文件相比维护 Fortran 文件的集合将更为有效。目标和库文件提供了一种避免对在不同项目中使用的用户编制子程序每次都进行编译的方法。它们对于分享自定义模型而不想公开源代码时也同样有用。

与编译器特定的文件夹用于包含特定的编译目标和库文件。目标和库文件能使用不同 Fortran 编译器进行编译，并放置于由 User Libraries Folder 指定的相应子文件夹下。用户可自由切换编译器而无需重新指定文件。

用户必须手动添加这些子文件夹到由 User Libraries Folder 选项（在 Application Options 对话框的 Dependencies 页面中）指定的主文件夹下。每个子文件夹代表特定的 Fortran 编译器，可放置相同的库或目标文件（由相应编译器所创建）。由于 PSCAD 可使用不同类型的 Fortran 编译器，因此将可能具有如下名称的子文件夹：

gf42(GNU GFortran 95 compiler)；

cf6(Compaq Fortran 90 compiler)；

if9(Intel Visual Fortran compiler versions 9，10&11)；

if12(Intel Visual Fortran compiler version 12 13 & 14)；

if15(Intel Visual Fortran compiler version 15(64-bit))；

if15_x86(Intel Visual Fortran compiler version 15(32-bit))；

例如，用户指定 C:\my libs 为 User Libraries Folder，并使用 GFortran 或 Intel Visual Fortran 9 编译器，则需在 my_libs 下添加如下两个子文件夹：gf42 和 if9。

所有所需的库或项目文件应当使用各自编译器创建，然后添加至相应的子文件夹。

如果仅输入文件名，PSCAD 将认为库或目标文件位于 User Libraries Folder 的特定子文件夹下。例如，用户指定 User Libraries Folder 为 C:\my_libs，并使用 Intel Visual Fortran 编译器，若在 Additional Library(. lib)and Object(. obj)Files 中输入 test. obj，这将表明所指定的文件位于 C:\my_libs\if9\test. obj。

文件引用可使用绝对或相对路径。使用绝对路径时，User Libraries Folder 中指定的文件夹将被覆盖。例如，一个绝对路径文件引用为 c:\temp\test. obj。

需要注意的是，最好在绝对路径上加上引号，这能确保在路径目录或文件名中具有空格时能正确地进行解析。

当在该域输入多个文件时，文件名之间至少以一个空格、逗号或分号分开。使用绝对路径和 User Libraries Folder 指定时均应如此：model. obj, custom. lib, c: ltempltest. obj。

支持通配符（*），例如输入 c: ltempl*. obj 时，该文件夹下所有目标文件将被在项目建立时加入。该输入域仅持续如下文件类型：*. o，*. obj，*. lib。

2）Matlab：

Link this simulation with the currently installed matlab libraries：当需要在该项目中使用 MATLAB/Simulink 接口时选择该选项。需要注意的是只有在 Workspace Settings 对话框中指定了 MATLAB 版本时该选项才可选择。

5. 画布设置（Canvas Settings）

Canvas Settings 对话框可通过该项目已在工作区打开的画布空白处右击，在弹出的菜单中选择 Canvas Settings 项打开，如图 1-19 所示。

Canvas Settings 对话框中包含了与工作区打开的页面视图有关的特性和设置，并且这些设置是特定于该页面的。

（1）Compiler：

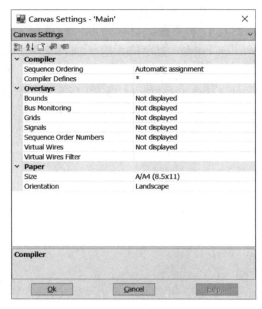

图 1-19   Canvas Settings 对话框

Sequence Ordering：Manual assignment Automatic assignment。选择 Automatic assignment 时，PSCAD 采用的智能算法将自动进行控制元件排序。该算法系统地扫描所有控制系统及组件中的子组件，确定每个元件出现在 EMTDC 系统动态中的位置。用户也可通过选择 Manual assignment 手动进行元件排序。

Compiler Defines：暂不支持。

（2）Overlays：

Bounds：Not displayed Show resizing bounds。该选项用于查看比当前尺寸小的纸张大小，对于缩小画布中含有元件和其他对象的纸张的页面大小是非常方便的。

Bus Monitoring：Not displayed/Show voltages。在母线上显示仿真过程中的电压值。

Grids：Not displayed/Show signal grid。显示连接网格。

Signals：Not displayed/Show live signals。启用该选项后，PSCAD 将在数据信号连线和连接上放置图标，以直观方便地区分前馈和反馈信号。

Sequence Order Numbers：Not displayed/Display。PSCAD 将给每个元组件指定一个序号。选择 Display 将显示所有元件的序号。

Virtual Wires：Not displayed/Show line connections。显示信号相关性的虚连线。Virtual Wires Filte：将仅提供此处输入信号（多个信号用逗号分开）的虚拟连线。该过滤器有助于追踪特定的信号。

（3）Paper：

Size：设置当前页面的大小。

Orientation：设置当前页面的方向。

1.3   基本术语和定义

1. Components（元件）

元件（有时也叫"板块"）实质上是装置模型的一个图表性描述，并且是 PSCAD 中最基本的电路组成部分。元件通常代表一个器件模型，有时以框图形式出现，其应用范围比较广泛，通常都有特定的功能，也可以电气、控制、元件或简单的装饰形式出现。图 1-20 给出了一个单相变压器元件模型。

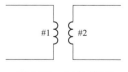

图 1-20   元件模型

元件通常包含输入和输出端口，用以连接形成较大的系统。元件模型的参数，如变量和常量，可以双击打开其属性对话框输入。

2. Modules（模块）

模块是一种特殊形式的元件，它由基本元件组合而成。模块中可以包含其他元件或者模块，形成分层结构，以便使结构层次更加清晰，这种模块我们称为"子页"，目前 PSCAD 中有两种形式的模块供用户使用，其中默认模块不含有输入/输出引脚，自定义模块的输入/输出引脚数目和类型可以由用户指定。此外目前版本 PSCAD 4.2.0 中每个定义的子页模块只支持一个实例。

3. Definitions（定义）

定义实质上是一个元件的详细说明。包括图表外形、连接节点、输入对话框和模块代码。元件定义不是图表个体，通常被存放在库（Library）项目里，且是创建 Workspace 中加载的项目所使用的元件或组件多个实例（或拷贝）的基础。

存放在库（Library）项目中的定义可以用来创建任何项目中元件实例，包括库（Library）项目本身。然而，存放在算例项目中的定义只属于该算例，不能用于其他项目。

4. Instances（实例）

元件实例是一份元件定义的"拷贝"，通常在工程中能看到并使用。一个实例不是一份精确的拷贝，因为基于同一个定义的许多元件实例都同时存在，每个实例可能有不同的参数设置，甚至从图表上看上去与其他实体不同。

所有的实例都基于同一个定义，对元件定义的任何设计变动将影响到所有的实例。

5. Projects（工程）

PSCAD 允许用户把包括在一个具体仿真里的所有文件（除了输出文件）存入到一个叫工程的文件中。工程可以包含存放的元件定义、在线画图和在线控制，当然也包含图解结构系统本身。

在 PSCAD 中有两种工程类型：库（Library）和算例（Case）。用户的大部分工作都是在 Case 中完成的，它不能完成库的功能，但可以进行编译、建立和运行。仿真结果可以通过在线检测表和绘图工具直接在 Case 中观察，其文件扩展名为".psc"。库主要用于存储元件定义及可视元件实例。库文件中，其元件定义的实例可用于任意 Case 工程，扩展名为".psl"。

6. Namespace（命名空间）

Namespace 是项目的属性之一，用于为诸如定义参考之类的功能提供稳定的源名称。Namespace 区别于项目文件名，后者可在 PSCAD 之外被修改。

Namespace 和文件名仅对于 Library 项目可能会不同。Case 项目中两者将保持同步以避免冲突。例如，将某个 Case 项目用另外的名字保存时，Namespace 属性将同样被修改。

7. Workspace（工作区）

Workspace 是 PSCAD 环境中的操作中枢，它不仅提供了当前加载所有项目的概况，还用于将仿真组、数据文件、信号、控制、架空线和电缆对象、显示设备等组织在一个方便浏览的环境中。

尽管 PSCAD 中仅允许出现一个单一的 Workspace，但各个 Workspace 可在任何时候切换。

1.4　工　作　环　境

PSCAD 拥有友好的图形界面如图 1-21 所示，本节主要介绍 PSCAD 图形界面的基本操作和基本功能。

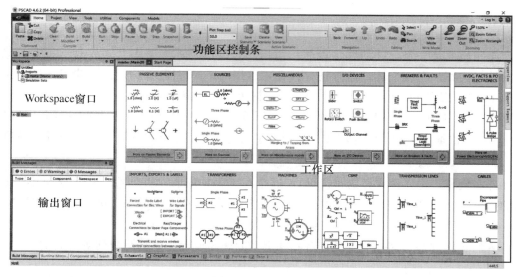

图 1-21　图形界面

整个主工作界面可分为 4 个主要区域：顶端为功能区控制条（Ribbon Control Bar），左边为 Workspace 窗口，底部为输出窗口（Output Zone），其余部分为用户编制仿真模型的工作区。

1. 功能区控制条

PSCAD 的功能区控制条如图 1-22 所示。

图 1-22　功能区控制条

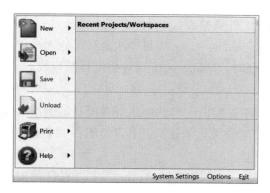

图 1-23　PSCAD Tab

功能区控制条提供了对多数 PSCAD 特性和元件访问的便捷手段。其中内置的快速访问栏可用于完全自定义地放置用户感兴趣和最常用的按键。功能区控制条一般位于应用程序界面的顶部。当在工作区内选择不同标签窗口时功能区控制条的内容将可能不同。

（1）PSCAD Tab。PSCAD Tab 如图 1-23 所示，其都是基于树形结构，树枝可以拓展和收缩。PSCAD Tab 各项功能描述见表 1-1。

表 1-1 　　　　　　　　　　　　　　**PSCAD Tab 功能描述**

标签	功能区控制条	功能描述
NEW	New Case	新建 Case 项目
	New Library	新建库
	New Workspace	新建 Workspace
Open	Open Project	加载已有的 V4.5 项目
	Import Project	加载 V4.5 以前版本的项目
	Open Examples	加载位于 ..\examples 下的 PSCAD 自带示例
	My Projects	加载用户定义目录下项目
	Open Workspace	加载 Workspace
Save	Save Project	保存项目
	Save Project As	另存项目
	Save Workspace	保存 Workspace
	Save Workspace As	另存为 Workspace
Unload	Unload	卸载选中的对象
Print	Print Page	打印工作区内当前内容
	Print Preview	工作区内当前内容打印预览
	Print All	打印工作区内当前项目的所有页面
	Print Preview All	工作区内当前项目的所有页面打印预览
	Print Setup	打印设置
Help	Support	打开帮助文件或定位至指定对象的帮助内容

图 1-23 的底部还有三个菜单项，功能描述见表 1-2。

表 1-2 　　　　　　　　　　　　　　**PSCAD Tab 底部功能描述**

按钮	按钮功能
System Settings	系统设置
Options	应用程序选项
Exit	退出 PSCAD

（2）Home。Home 标签的展开如图 1-24 所示。其包含了一些最常用的特性，具体见表 1-3。

图 1-24　Home 标签

表 1-3 Home 标签功能描述

标签	按钮	按钮功能
Clipboard	Paste	从剪贴板粘贴
	Cut	复制至剪贴板并删除被选中内容
	Copy	复制至剪贴板但不删除被选中内容
	Delete	删除被选中内容
Compile	Clean	清除被选中的项目或全部加载项目的临时文件夹内容
	Build Modified	仅对当前或全部项目中修改过的模块进行建立
	Build	对当前或全部项目进行建立
Simulation	Run	对被选中项目或选中仿真组或全部仿真组启动仿真
	Stop	终止仿真过程
	Pause	暂停仿真过程
	Skip	跳过多重运行中的某次仿真
	Step	单步仿真过程，仅在仿真过程被暂停时有效
	Snapshot	拍摄仿真过程的快照
	Slow	减缓绘图速度
	Plot Step	设置绘图步长
Active Scenario	Save Scenario	方案保存或另存为
	Delete Scenario	删除方案
	View Scenario	查看方案
	Base	方案模板列表
Navigation	PSCAD 保存了用户画布浏览的历史记录	
	Back	回到上一个浏览的画布
	Forward	前进到下一个浏览的画布
	Up	回到当前画布的上一级画布
Editing	Undo	撤销前一操作
	Redo	重复前一操作
	Select/Select All	选择某一对象或画布全部内容
	Pan	在当前画布内以滚动方式进行浏览
	Search	打开搜索窗口进行搜索
Wire Mode	PSCAD 提供的快速元件间绘制连线功能	
Zooming	Zoom In	放大当前画布
	Zoom Out	缩小当前画布
	Zoom control list box	指定当前画布缩放比例
	Zoom Extent	缩放至当前画布内全部对象可见
	Zoom Rectangle	放大所选矩形框内对象

（3）Project。Project 标签包含了对 Project Settings 的快捷访问。功能见表 1-4。

表 1-4　　　　　　　　　　　　　Project 标签功能描述

按钮	按钮功能
General Settings	常规设置
Runtime Settings	运行过程设置
Other Settings	其他设置

（4）View。包含窗口控制以及对组件 Canvas settings 的快捷访问，具体见表 1-5。

表 1-5　　　　　　　　　　　　　View 按钮功能描述

按钮	按钮功能
Windows	Switch Windows：窗口切换，可选择切换至工作区内打开的目标窗口
Canvas Overlays	画布设置
Paper	页面设置，可对页面大小、方位进行设置，并可对页面进行刷新
Show	可选择显示/隐藏搜索结果窗口、建立信息窗口、Workspace 窗口、参数窗口、向导窗口、搜索
Comparison Tool	Show Comparison：显示组件比较结果

（5）其他按钮，功能见表 1-6。

表 1-6　　　　　　　　　　　　　其他按钮功能描述

标签	标签说明/按钮	按钮功能
Tools	提供了用于组件定义比较和结果显示的工具	
Utilities	提供了附加的应用程序	
	Fortran Medic	用于协助诊断和纠正安装设置
	Live Wire	用于研究 PSCAD 输出波形数据的离线程序
Components	提供了对主元件库内最常用元件的快捷调用方式。该菜单仅在工作区内选择了 Schematic 标签窗口时可见	
Models	提供了对主元件库内所有元件的快捷调用方式。元件的分组与其在主元件库 Main 页面内图形化分组相一致。该菜单仅在工作区内选择了 Schematic 标签窗口时可见	
Shapes	用于处理定义编辑器 Graphic 部分的图形对象。该菜单仅在工作区内选择了 Graphic、Parameters 或 Script 标签窗口时可见	
Filtering	包含了处理图形层的功能。该菜单仅在工作区内选择了 Graphic、Parameters 或 Script 标签窗口时可见	
Script	包含了处理元件代码的功能。该菜单仅在工作区内选择了 Graphic、Parameters 或 Script 标签窗口时可见	
功能区最小化按钮	可通过释放功能区位置以查看更大范围的工作区内容	
快速访问工具条	功能区的底部提供了被称为快速访问工具条的用户自定义按钮条，任何定义于功能区内的功能均可加入至该工具条以便快速访问	

（6）帮助系统按钮。

PSCAD 等帮助系统内有详细说明 PSCAD 的使用与指导，如图 1-25 和图 1-26 所示。

2. Workspace 窗口

Workspace 窗口如图 1-27 所示。

Workspace 是 PSCAD 环境中的操作中枢，现在 Workspace 与 PSCAD 应用程序被分为

图 1-25　指导选项

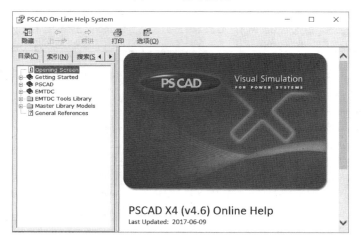

图 1-26　指导页面

不同的实体，这意味着用户可加载、保存和卸载整个 Workspace 而无需关闭 PSCAD 应用程序。一个 Workspace 可包含多个项目（Library 或 Case），并具有其独有的设置选项。

　　Workspace 面板分为两个子窗口，上面的窗口（第一窗口）包含了已加载项目的列表，下面的窗口（第二窗口）中显示的信息与第一窗口中所选择的项目有关，其主要功能是提供便于在模块间切换的浏览树。

　　（1）第一窗口。该窗口主要用于项目间的浏览，查看项目相关数据文件并组织仿真组，该窗口下有两个分支，即 Projects 列表和 Simulation Sets 列表，如图 1-28 所示。

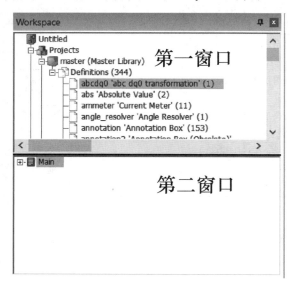

图 1-27　Workspace 窗口

图 1-28　第一窗口

1）Project 分支。一个 Case 或 Library 型项目加载后，其名称和描述出现于 Workspace 第一窗口的 Projects 分支下。多个项目时，按照加载的先后次序排列。

Projects 项目下又包含两个附加分支，即 Definitions 和 Temporary Folder 分支。

• Definitions 分支：定义分支包含了局部保存于该项目内所有定义的列表，包括项目中的元件定义、输电线段或组件实例，但保存在其他项目（如 Master Library）中的定义将不会出现。Definitions 后括号内的数字表示该项目内定义的个数。

PSCAD 使用如下图标区分不同对象的定义：

　：元件定义

　：电缆电压

　：组件定义

　：架空线定义

• Temporary Folder 分支：

Temporary Folder 分支特别适用于访问项目临时文件夹中的文件，如 Fortran 文件、数据文件、输出文件等。这些文件仅当对项目进行过编译且未清除临时文件时存在。

当 Case 项目编译时，多个文件将被创建并放置于在与项目文件（.pscx）同一路径下的临时文件夹中。临时文件夹名称为项目名称加一扩展名，该扩展名取决于编译该项目所使用的编译器。

临时文件夹中所有的文件将有组织地显示于第一窗口的 Projects 分支下，用户可在任何时候清除临时文件夹的内容。

不同编译器下临时文件夹扩展名见表 1-7。

表 1-7　　　　　　　　　　　　　不同编译器下临时文件夹扩展名

编译器	文件夹拓展名
GFortran 95(v4.2.1)：	＊.gf42
GFortran 95(v4.6.2)：	＊.gf46
Intel® Visual Fortran Compiler 9 to 11：	＊.if9
Intel® Visual Fortran Composer XE 2011 to 2014：	＊.if12
Intel® Visual Fortran Compiler 15：	＊.if15(64-bit)，＊.if15_x86(32 bit)

2）Simulation Sets 分支。可以通过启动并运行多个 Case 项目仿真。通过在所谓的仿真组内定义仿真任务可实现顺序和并行仿真运行。仅被加载至 Projects 分支下的 Case 项目可作为仿真任务加入仿真组，且一个项目不能多次加入同一仿真组。如图 1-29 所示。

同一个仿真组内的所有仿真是同时启动并并行运行的，而不同仿真组是按先后次序顺序运行的。

（2）第二窗口。第二窗口将显示第一窗口内选中项目的信息，它同时也被用于项目内的浏览。

在第二窗口的 Sources 分支下列出了项目内电源的所有实例。以 Main 页面为起始点，组件将按它们的层次进行组织，这将有助于简化浏览，同时提供了项目结构上的完整概况。架空线和电缆将出现于它们的副组件内。

第二窗口如图 1-30 所示。

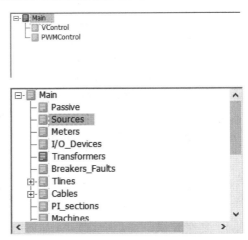

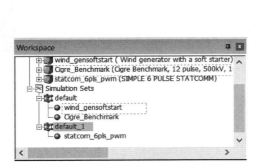

图 1-29　Simulation Sets 分支　　　　　　　图 1-30　第二窗口

3. 输出窗口

输出窗口主要可包括如下几个面板：Build Messages、Runtime Messages、Component Wizard 和 Search。其中各个面板标签位于图 1-31 的下方。

（1）Building Messages 面板。Build Messages 和 Runtime Messages 面板的主要作用是提供查看仿真反馈消息的接口，以调试仿真模型。如图 1-32 所示。

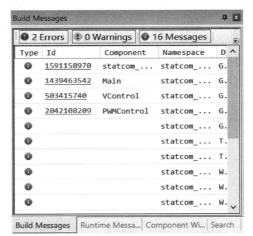

图 1-31　输出窗口　　　　　　　　　　图 1-32　Building Messages 面板

消息类型图标见表 1-8。

表 1-8　　　　　　　　　　　　　　　　　消息类型图标

消息图标	消息类型	消息信息
2 Errors	错误性信息	出现错误消息时模型建立将立即被停止。用户需研究任何报告的错误消息并尝试解决导致该错误消息的问题
0 Warnings	警告性信息	警告消息被认为不会对仿真运行产生致命影响，PSCAD 将忽略所有警告并继续编译和运行该项目
16 Messages	信息性信息	

（2）Runtime Messages 面板。Runtime Messages 面板提供了与仿真运行相关的警告和错误消息，也即它们源自 EMTDC。这类消息对应的问题一般更为严重，通常涉及数值不稳定等类似的问题。

（3）Component Wizard 面板。元件向导面板，用于需要在目标 Case 项目或 Library 项目中创建元件（Component）或组件（Module）。

（4）Search 面板。该面板如图 1-33 所示。若某个消息指出了问题所在的子系统、节点号和/或支路号，用户可使用 Search 面板对准确的位置进行搜索，在该面板中输入运行消息给出的子系统和节点或支路号，并单击 Search 按钮。

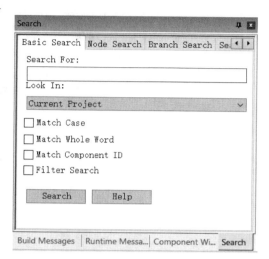

图 1-33　Search 面板

4. 工作区

工作区也被称为定义编辑器，它是用户在 PSCAD 内工作的最主要的环境，用户将在该区域完成项目最主要的工作，包括电路图形构造（即在 Schematic 页面中）、元件外观图形设计以及代码编写等。

定义编辑器分为 6 个子窗口，通过单击如图 1-34 所示的定义编辑器窗口底部工具栏上相应的标签即可访问各个子窗口。

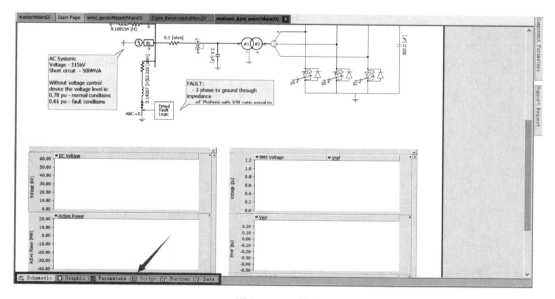

图 1-34　工作区

一般情况下，Script 标签初始时被禁用（变灰）。该标签专用于非组件元件的设计，在编辑非组件元件的定义时才会被启用，标签说明见表 1-9。

表 1-9 　　　　　　　　　　　　　　　　**Script 标签说明**

窗口标签	标签说明
Schematic	它是项目首次打开后的默认页面，也是构建所有控制和电路的子窗口
Graphic	该子窗口用于编辑元件和组件定义的图形外观
Parameters	该子窗口用于编辑元件和组件定义的参数输入界面
Script	该子窗口用于编辑非组件元件定义的代码
Fortran	该子窗口是一个简单的文本查看器，以方便访问当前被查看组件定义对应的 EMTIDC 的 Fortran 文件

第 2 章 PSCAD 基本特性及元件介绍

本章主要介绍 PSCAD 的基本操作和特性，这有助于我们了解并掌握 PSCAD。为加深初学者的理解，学习者可以在阅读本章时结合安装好的仿真环境进行实际操作。本章主要分为这样几个部分：工程、元件和模块、新建元件概述以及新建项目。

本章作为综述章节，力求让读者能够全面了解 PSCAD 软件的相关功能，进一步熟悉 PSCAD 的仿真环境。

2.1 工　　程

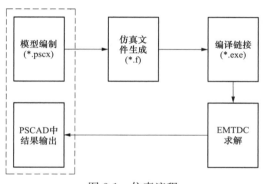

图 2-1　仿真流程

（1）仿真流程 PSCAD 的仿真流程如图 2-1 所示。

用户可在 PSCAD 界面内编制图形化的 Case 仿真模型，并以扩展名为 ＊.pscx 的文件进行存储。PSCAD 将自动对该文件进行解析，生成相应的 Fortran 文件（＊.f）。之后调用 Fortran 编译器，生成可执行文件（＊.exe）。执行可执行文件，并调用 EMTDC 引擎进行求解，最后的结果送回至 PSCAD 界面内进行显示。可以看到，用户仅需在 PSCAD 环境中编制模型并查看仿真结果输出，其他的操作均由 PSCAD 自动完成（用户可通过部分选项来对这些操作过程进行控制），对用户屏蔽了大部分复杂烦琐的工作，简化了仿真流程，降低了对用户专门技术的要求。

（2）工程（Project）操作。工程操作主要包括了四个部分：创建一个工程；加载或导入工程；保存或另存工程；卸载 Project。具体操作可扫描二维码 2-1 进行学习。

二维码 2-1
工程操作简述

2.2 元 件 和 模 块

本节讲解内容包括：对象选择；添加元件；拖动；旋转/镜像/翻转；对象删除、撤销和恢复操作；元件的相互连接以及元件属性的浏览。具体操作及设置可扫描二维码 2-2 进行学习。

二维码 2-2
元件操作简述

2.3 新建元件概述

PSCAD 允许设计用户模型以丰富仿真工具。用户可开发从非常简单到极其复杂的模型。创建用户模型可采用两种方法：创建图形化的组件类型元件，或者直接编制代码。无论何种方法，为了在系统动态部分或电气网络中包含用户模型，必须首先创建定义该模型的元件。元件可看作模型的图形化表示，用户可提供输入参数、对输入数据进行预计算以及改变元件的外观。而组件则具有其电路，其他元件将在该电路中拼接形成模型。

本章主要讨论用于设计用户元件的多种特性和工具，包括元件和组件的创建、管理和调用，请读者扫描二维码 2-3～二维码 2-5 进行学习。

二维码 2-3　　　　　二维码 2-4　　　　　二维码 2-5
定义创建　　　　　管理及调用　　　　　定义的复制

定义参照。在 PSCAD X4 或更高版本中用户需为任何实例提供定义参照，选用的定义需与实例当前的任务兼容。使用定义参照将方便处理一个定义具有多个版本的情况，这对于不同项目之间进行组件或输电线段定义的复制和粘贴非常重要。

（1）参照列表。Workspace 中所有已加载项目中同名的所有定义将出现在参照列表中。例如，用户已加载了主元件库和一个用户元件库，若在用户元件库中具有名为 resistor 的元件定义，则将与主元件库中电阻元件的定义重名。用户需要在 Case 项目中对电阻实例切换这两个定义时，可右击该元件的实例，从弹出的快捷菜单中选择 Switch Reference 项，如图 2-2 所示，然后从同名定义列表中选择需要使用的定义。

图 2-2　选择 Switch Reference

如果某个实例当前未链接至任何定义，或用户需要将其指向具有不同名称的某个定义，可在图 2-2 所示的菜单中选择 Edit Reference... 项，弹出的对话框如图 2-3 所示。

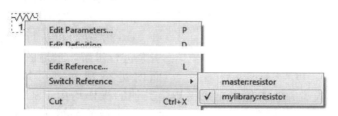

图 2-3　Edit Reference 菜单

在该对话框中，用户只要在 Namespace 中输入需要参照定义所在的项目名称（主元件库为 master），在 Definition Name 中输入需要参照的定义名称，即可实现该实例的定义重新链接。例如，在图 2-3 所示的对话框中分别在 Namespace 中输入 master，在 Definition Name 中输入 capacitor，该实例将成为主元件库中 capacitor 定义的实例，其外观也立即将发生变化。

（2）参照重映射。某些时候 Library 项目的 Namespace 被修改，所有使用参照该 Namespace 定义的实例均将失去参照，此时元件将变成一个红色方框，如图 2-4 所示。

解决实例失去定义参照的方法是重新映射实例的定义。在 Workspace 窗口中鼠标右击项目名称，从弹出的快捷菜单中选择 Re-Map References... 项，可弹出如图 2-5 所示的对话框。

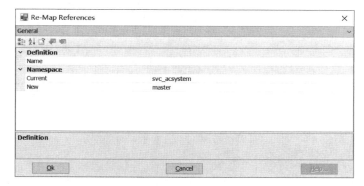

图 2-4　失去参照的元件

图 2-5　弹出的对话框

在该对话框中：

1）Name：实例所需要映射至的定义名称。确保该定义在下面两个输入域中指定的库均存在。

2）Current：实例定义当前参照的库的 Namespace。

3）New：实例定义将要重新参照的库的 Namespace。

2.4　新　建　项　目

新建项目（Project）大部分步骤已于 2.1 节介绍过，此处不再赘述。以下通过建立一个电压分压器电路具体体验新建项目的内容和具体操作，读者可扫描二维码 2-6 进行学习。

二维码 2-6
新建项目实例

2.5　在线绘图与控制

在仿真过程中绘制曲线和控制数据的功能具有很大的价值。PSCAD 实现了一些实时运行模块的设计，允许在仿真过程中调整数据信号。用户可以通过图表和曲线与模型进行交互操作和实时查看数据结果。虽然 PSCAD 中大部分曲线的绘制都是基于时间而变化的，但也有其他曲线绘制工具来满足不同类型的数据分析的需要。例如，XY 坐标曲线绘制可实现一个数据随另一个数据的变化而变化的曲线绘制。此外还有矢量测量仪和示波器等不同的测量仪表，可从不同的角度对数据进行分析。

1. 控制或显示数据的获取

PSCAD 是 EMTDC 仿真算法引擎的图形用户界面，为了控制输入变量或观察仿真数据，用户必须为 EMTDC 提供一些控制或观察变量的指令，在 PSCAD 中即表现为一些特殊的元件或运行对象。

（1）提取输出数据。使用输出通道元件导出所需信号，用于图形或表计的在线显示，或送到输出文件。例如，在图 2-6 所示的电路中显示了如何将 Voltmeter 元件的信号导出，以及如何直接在电路画布内导出未命名的信号。

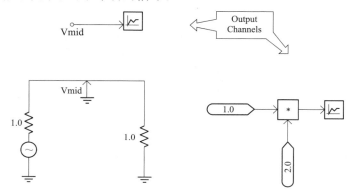

图 2-6   Voltmeter 元件的信号导出

注意：输出通道不能直接连接在电气线上。

（2）控制输入数据。使用控制运行对象（如滑动块、拨码盘、开关或按钮）控制输入数据，作为源或特定数据信号。只需在 PSCAD 电路画布上添加相应控制对象即可，如图 2-7 所示。

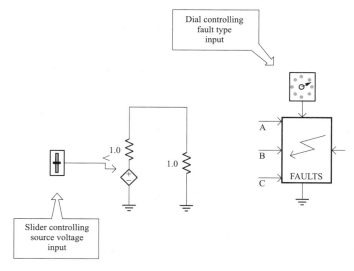

图 2-7   控制输入数据

注意：此时控制对象不能手动调节，即呈现灰色，只有在连接控制接口时才能进行手动调节。

2. 图形框架

图形框架是一个用于封装 Overlay 或 PolyGraph 的特殊运行对象容器，它可放置在电路画布内的任何位置，并可根据需要在其中添加多个图形。图形框架专用于绘制以时间为变量的曲线，即其水平轴始终是 EMTDC 的仿真时间。如果需要绘制其他变量函数的曲线，可使用 XY plots。

（1）图形框架的添加。在项目打开的画布窗口内任何空白处右击，从弹出的菜单中选择 Add Component/Graph Frame 项，如图 2-8 所示。或者在功能区控制条的 Components 菜单下选择 Graph Pane 按钮，如图 2-9 所示，即可在画布内添加一个图形框架。

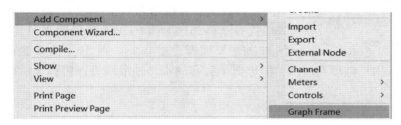

图 2-8　右键菜单　　　　　　　　　　　图 2-9　添加一个图形框架

（2）图形框架的移动和缩放。要拖动图形框架，只需要在图形框架的标题栏单击鼠标左键并保持，拖到需要放置的地方后松开鼠标左键即可。如果需要调整图形框架的大小，在标题栏单击鼠标左键，则在图形框架边缘会出现握柄，如图 2-10 所示。将鼠标移动至其中的某个握柄上，单击左键并保持，拖动后即可调节图形框架的大小。

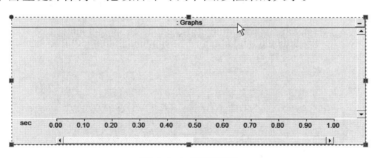

图 2-10　图形框架

（3）图形框架的剪切/复制粘贴。在图形框架的标题栏右击，从弹出的菜单中选择 Cut Frame 项或 Copy Frame 项即可对该选中的图形框架进行剪切或复制。在电路画布内所需要的空白位置右击，从弹出的菜单中选择 paste 项即可对剪切或复制的图形框架进行粘贴。

（4）图形框架参数的调整。在图形框架标题栏上右击，从弹出的菜单中选择 Edit Properties... 项或直接双击左键即可弹出图形框架属性对话框，如图 2-11 所示。

Caption：图形框架输入标题，所输入的文本将显示在图形框架的标题栏上。

Show Markers：在该图形框架中所有图形上显示 O 和×标记。该选项的作用将在后续部分进行详细介绍。

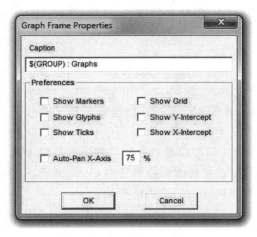

图 2-11   图形框架属性对话框

Show Glyphs：在该图形框架中所有曲线上显示曲线的字形符号。

Show Ticks：在该图形框架中所有图形内的 Y 轴截距线上显示记号。

Show Grid：在该图形框架中所有图形内显示网格。

Show Y-Intercept/Show X-Intercept：在该图形框架中所有图形内显示沿 Y 或 X 轴的截距线。

Auto-Pan X-Axis：允许用户调整窗口平移，可以直接在右边输入字段中输入数值，此数值代表平移当前观看的图形窗口的百分比。例如总的 X 轴视图是 0.1s，则 10％的设置就代表将当前窗口平移 0.01s。用户也可直接拖动图形框架底部的水平轴滑块进行窗口显示内容的平移。

3. 图形

图形是一个特殊的运行对象，仅能存在于图形框架中。图形具有重叠图（Overlay）和多图（PolyGraphs）两种类型。一个图形可显示多条曲线，这些曲线将具有相同的 Y 轴刻度。图 2-12 所示为重叠图和多图的例子，其中上面的图形为重叠图，下面的为多图。

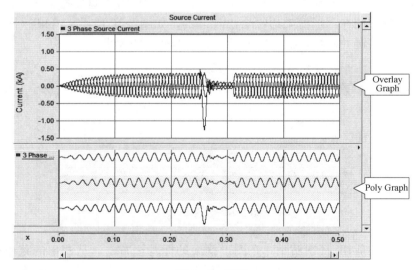

图 2-12   图形

（1）图形框架添加图形。图形框架可容纳一个或多个图，可在图框的标题栏右击，从弹出的菜单中选择 Add Overlay Graph（Analog）项添加重叠图或选择 Add Poly Graph（Analog/Digital）项添加多图。也可以将鼠标放到图框上，然后用 Insert 键直接添加重叠图。

（2）顺序。用户可随时改变图形框架中多个图形的顺序。右击需要移动的图形，从弹出的菜单中选择 Move Graph Up/Down/to Top/to Bottom 项可分别实现将该图形向上/向下/

置顶/置底的操作。

（3）图形的剪切/复制/粘贴。在目标图形上右击，分别从弹出的菜单中选择 Cut Graph/Copy Graph 项（见图 2-13）即可实现该图形的剪切/复制。被剪切或复制的图形既可以粘贴到当前图框中，也可粘贴到其他图框中。然后在需要粘贴的图框标题上右击，从弹出的菜单中选择 Paste Graph 项即可实现图形的粘贴。被剪切或复制的图形可以被多次粘贴。

（4）图形的数据复制。如果一个仿真已经运行且图形中包含有曲线，则可以选择复制全部或部分信息至剪切板。方法是在相应的图形上右击，从弹出的菜单中选择 Copy Data to Clipboard 项，并选择如下子菜单以复制相应的信息，如图 2-14 所示。

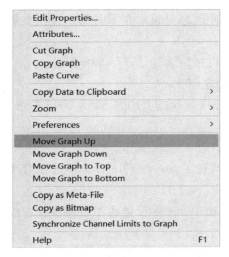

图 2-13　右键菜单

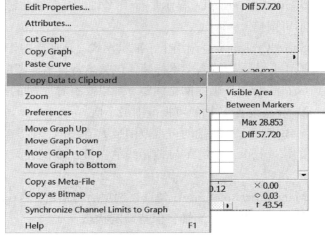

图 2-14　图形的数据复制

All：复制当前图形中的所有数据。

Visible Area：复制当前图形可视窗口内的数据。

Between Markers：只复制标记之间的曲线数据，但前提是需要允许 Show Markers。

复制的数据被保存为 csv 格式，方便利用其他常用分析软件进行数据分析。

（5）重叠图及其属性调整。重叠图是 PSCAD 中最常用的在线绘图工具。它显示了以时间为变量函数的测量数据，在一张重叠图中可添加多条曲线（或彼此重叠）。

在相应的图形上双击鼠标左键，也可右击，从弹出的菜单中选择 Edit Properties... 项，即可调用重叠图的属性设置对话框，如图 2-15 所示。

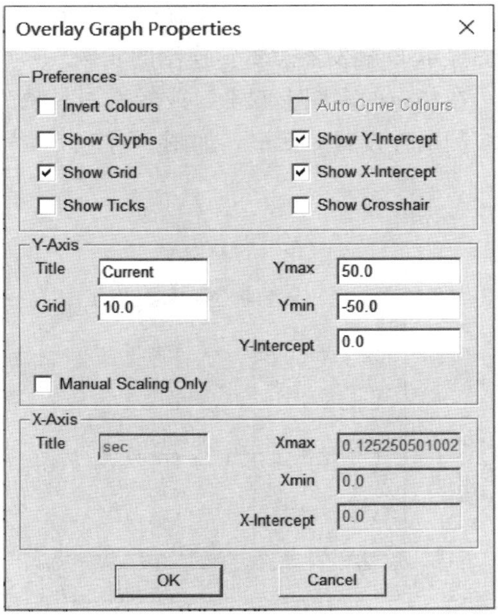

在该对话框可进行如下参数的设置：

Invert Colours：将图形背景设置为黑色

图 2-15　重叠图及其属性调整

（而不是白色或者黄色）。

Show Glyphs：在曲线中显示字形符号标记。

Show Grid：显示 X 轴和 Y 轴的大网格线。

Show Ticks：在 Y 轴截距线上显示的标记。

Auto Curve Colours：勾选该选项将自动给图形中的曲线着色，将不能手动改变曲线的颜色。

Show Y-Intercept：显示平行于 X 轴的截距线，截距线的位置可在下面的 Y-Intercept 中设置。

Show X-Intercept：显示平行于 Y 轴的截距线，该截距线总是显示在零时刻，且在重叠图中不可调整。

Show Crosshair：调用十字准星模式，该选项的作用将在后续部分进行详细介绍。

Title：为图形输入文本标题，该文本将显示在图形的左侧。

Grid：指定 Y 轴的网格间距。如果要查看 Y 轴的网格线，勾选上述的 Show Grid 即可。

Ymin：设置 Y 轴的可视范围最小值。

Y max：设置 Y 轴的可视范围最大值。

Y-Intercept：指定 Y 轴截距线的位置，该设置只有勾选了 Show Y-Intercept 选项后才有效。

Manual Scaling Only：勾选该选项后将锁定在 Ymin 和 Ymax 中设置的 Y 轴范围。在以后的任何缩放操作中 Y 轴将保持锁定状态。

（6）多图及其属性调整。多图采用一种堆叠的形式来显示要绘制的曲线，也即每条曲线包含于各自的查看空间内。如果用户希望在紧凑的空间内查看多个单曲线绘图，或者利用曲线的数字风格功能来创建逻辑转换图时，可使用多图来代替重叠图。图 2-16 所示为一个用多图显示 D 触发器逻辑转换图的实例。

在相应的多图上双击，或者右击，从弹出的菜单中选择 Edit Properties... 项，即可弹出多图属性设置对话框，如图 2-17 所示。

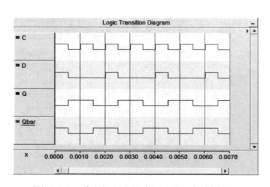

图 2-16　多图显示 D 触发器逻辑转换图

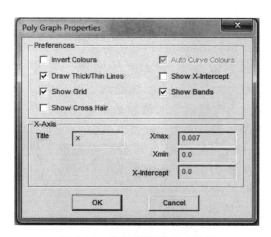

图 2-17　多图属性设置对话框

在该对话框可进行如下参数的设置：

Invert Colours：将图形背景设置为黑色（而不是白色或者黄色）。

Show Grid：显示 X 轴和 Y 轴的大网格线。

Show Cross Hair：调用十字准星模式，该选项的作用将在后续部分进行详细介绍。

Auto Curve Colours：勾选该选项将自动给图形中的曲线着色，将不能手动改变曲线的颜色。多图中该选项总是被勾选且不可调整。

Show X-Intercept：显示平行于 Y 轴的截距线，该截距线总是显示在零时刻，且在多图中不可调整。

Show Bands：勾选该选项后将为多图中的各条曲线分配不同的背景色，以便区分。

4. 曲线

曲线是一个特殊的以图形化方式来表示与仿真步点相对应的一系列数据点的运行对象。可通过链接至输出通道元件来创建曲线，该输出通道可输入标量或矢量数据信号。因而曲线可以是多维的，即单一一个曲线可具有多条子曲线或轨迹（Traces），其中的每条轨迹对应单一的数组值。如果输出通道元件的输入信号为标量（即 1 维），则该曲线仅包含一个轨迹。图 2-18 所示为多轨迹单一曲线的示例。

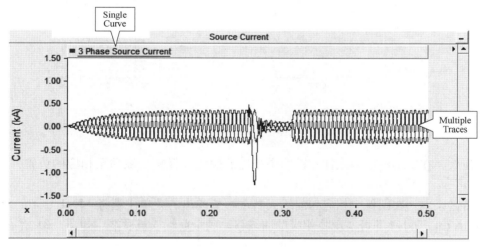

图 2-18　多轨迹单一曲线的示例

（1）添加曲线。有多种方式可以实现曲线的添加。

1）拖放方式。按下 Ctrl 键并保持，单击需要提取曲线的输出通道元件，并将其拖动到图形中，释放 Ctrl 键和鼠标左键即可。

2）Graphs/Meters/Controls 方式。在需要提取曲线的输出通道元件上右击，从弹出的菜单中选择 Graphs/Meters/Controls|Add as Curve 项，如图 2-19 所示。然后右击目标图形，从弹出的菜单中选择 Paste Curve 项，即可向该图形中添加曲线。

（2）曲线图例。成功添加曲线后，该曲线的标题就会出现在曲线图例处，如图 2-20 所示。

（3）曲线顺序调整。当一个图中有多条曲线时，可通过如下两种方法改变曲线出现的顺序。

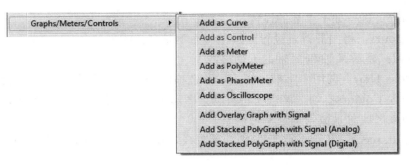

图 2-19 添加曲线

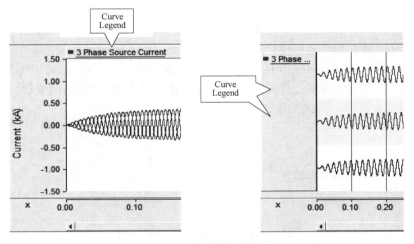

图 2-20 曲线图例

1）拖放。在图例中单击鼠标左键选中相应的曲线并保持，拖动至相应的位置并释放鼠标左键即可。

2）右键菜单。在图例中相应的曲线上右击，从弹出的菜单中选择 Move to the Start 项或 Move to the End 项即可实现将相应的曲线移动到最前端或最后端，如图 2-21 所示。

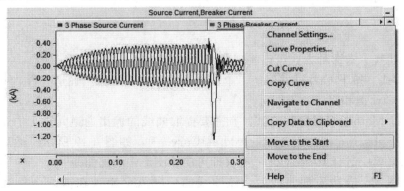

图 2-21 选择 Move to the Start 项

（4）剪切/复制/粘贴已有的曲线。在曲线标题上右击，从弹出的菜单中选择 Cut Curve

项或 Copy Curve 项，即可实现该曲线的剪切或复制。在任意一个图形上右击，从弹出的菜单中选择 Paste Curve 项即可实现已剪切或复制曲线的粘贴。

（5）曲线的数据复制。如果一个仿真已经运行，则可以选择将曲线的全部或部分信息复制到剪切板。在相应的曲线上右击，从弹出的菜单中选择 Copy Data to Clipboard 项，并选择如下子菜单以复制相应的信息：

All：复制当前曲线的所有数据。

Visible Area：复制当前曲线可视窗口内的数据。

Between Markers：只复制标记之间的曲线数据，但前提是需要允许 Show Markers。

（6）曲线属性调整。在相应的曲线图例上双击鼠标左键，或者在该曲线图例上右击，从弹出的菜单中选择 CufveProperties 项，如图 2-22 所示，即可弹出曲线属性设置对话框，如图 2-23 所示。

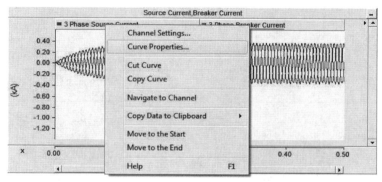

图 2-22　曲线图例右键菜单

Display the active trace with a custom style：勾选该选项后即可对曲线的宽度和颜色进行设置。

Colour：单击该按钮可为曲线选择想要的颜色，如图 2-24 所示。该选项只有当 Display the active trace with a custom style 被勾选时有效。

图 2-23　曲线属性设置对话框

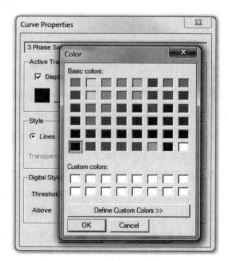

图 2-24　曲线颜色选择

5. 轨迹

数组信号曲线可作为一个整体进行在线绘制，其中的每个数组元素或子曲线被称作轨迹。每条轨迹都可单独启用或禁止（即显示或隐藏）。

（1）轨迹下拉菜单。可通过特殊的下拉菜单来访问轨迹的属性和控制。通过鼠标左键单击曲线图例中的该曲线名称，可弹出如图 2-25 所示的下拉菜单。

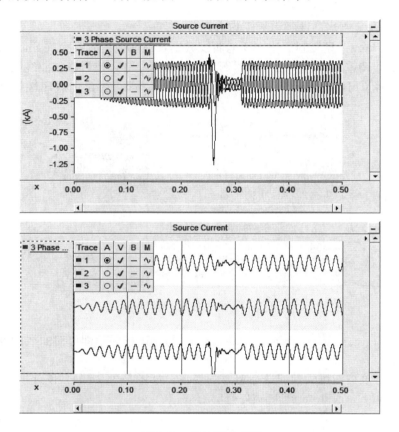

图 2-25　轨迹下拉菜单

（2）轨迹属性调整。可调用轨迹下拉菜单对轨迹的属性进行调整。如图 2-30 所示的下拉菜单中包含四个单独的列，可通过这些列对轨迹属性进行方便地访问。

Trace：轨迹的编号和颜色。每个编号对应该轨迹在多信号曲线中的索引号，要改变单个轨迹的颜色可参考"曲线属性的设置"。需要注意的是，只能调整被激活的轨迹的颜色，其他轨迹的颜色将由 PSCAD 自动处理。

A：激活某条轨迹。选择此列中的单选按钮即可激活对应的轨迹。在切换到十字准星模式时，默认的焦点将位于被激活的轨迹。被激活轨迹的属性可单独进行调整，具体操作方法可参考"曲线属性的设置"。

V：显示/隐藏轨迹。单击各个复选框即可显示或隐藏相应的轨迹（显示√时将显示该轨迹，显示×时将隐藏该轨迹）。也可以通过单击√项来实现隐藏或显示所有的轨迹。

B：粗体显示。单击各个复选框即可加粗相应的轨迹或取消加粗（显示粗线时将加粗该轨迹）。也可以通过单击 B 项来实现所有轨迹的加粗或者取消加粗。

M：模式切换。该功能仅对显示于多图中的轨迹有效。单击各个复选框即可进行轨迹数字模式与模拟模式的切换。当处于数字模式的时候，曲线轨迹将以两状态格式进行显示，状态值取决于该值是高于还是低于预设的阈值。

6. PolyMeters（多测表计）

多测表计是专门用于监测单一多轨迹曲线的特殊运行对象。多测表计以柱状图形式动态地显示每条轨迹的幅值，所看到的结果与频谱分析仪的类似。该元件的强大之处在于可以将大量数据压缩到一个小的可视范围内，这对于查看来自诸如快速傅里叶变换（FFT）元件输出的谐波频谱数据时尤其有用。图 2-26 所示为多测表计的一个示例。

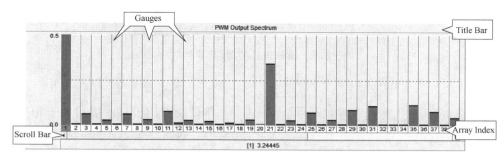

图 2-26　多测表计示例

（1）多测表计的添加。单击输出通道元件，从弹出的菜单中选择 Graphs/Meters/Controls Add as PolyMeter 项，则鼠标指针上将出现一个多测表计，移动鼠标至相应的位置后单击鼠标左键即可完成多测表计的添加。

（2）多测表计的移动和缩放。在多测表计的标题栏上按鼠标左键并保持，然后拖动鼠标到希望放置的位置，释放鼠标左键即可以实现多测表计的移动。

在多测表计上单击，则多测表计的边缘会出现相应的调整握柄，将鼠标指针放到其中的一个握柄上按住并拖动，即可进行多测表计的缩放，如图 2-27 所示。

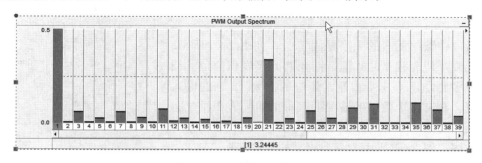

图 2-27　多测表计的缩放

（3）多测表计的剪切/复制粘贴。在多测表计的边框上右击，从弹出的菜单中选择 Cut 项或 Copy 项即可实现该多测表计的剪切或复制，如图 2-28 所示。

只需要在电路画布的任何空白处右击，从弹出的菜单中选择 Paste 项即可进行已剪切或复制多测表计的粘贴。

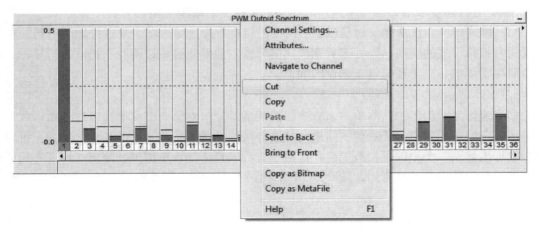

图 2-28　多测表计的剪切/复制粘贴

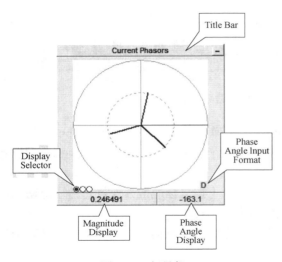

图 2-29　相量仪

7. 相量仪

相量仪可用于显示多达 6 个相互独立的相量值。相量仪以极坐标的形式显示，每个相量的幅值和相位分别对应仿真过程中的动态变化。该组件完美的视觉效果可以显示出相量值，并可用于 FFT 元件输出数据的分析。

（1）显示数据的准备。相量是由幅值和相位组成的，用极坐标形式可以表示为 $x\angle\varphi$，因而相量仪的输入信号需要包含单独的幅值信号及相关的相角信号。用户必须构造一个二维数组信号，此时需要借助 Data Merge 元件，将分别代表幅值和相位的两个信号进行合并，如图 2-29 所示。

相量仪中数组元素的顺序是固定的，如图 2-30 所示。其中，元素 1 代表相量的幅值，而元素 2 代表相位角。相量仪中最多允许显示 6 个相量，相应的需要 12 维的输入信号数组。在有多个数组的情况下，每组的幅值和相位必须具有相同的顺序，即必须是幅度、相角、幅度和相角等的排列顺序。图 2-31 所示为三个相量的数据连接方式。

通常相量仪中的相量是通过 FFT 元件获取的，这种情况下通常可借助 Vector Interlace 元件来更方便地获取所需要的数据，如图 2-32 所示。

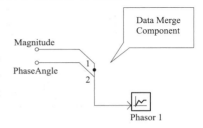

图 2-30　将幅值和相位的两个信号进行合并

（2）相量仪的添加。右击输出通道元件，从弹出的菜单中选择 Graphs/Meters/Controls Add as PhasorMeter 项，则鼠标指针上将出现一个相量仪，移动鼠标至相应的位置后单击鼠标左键即可完成相量仪的添加。

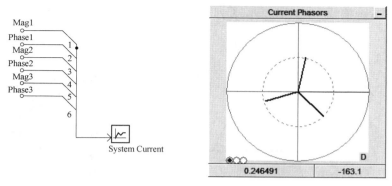

图 2-31　三个相量的数据连接方式

（3）相角输入格式的设置。可通过单击相量仪右下角的 D 或 R 进行切换。其中，D 代表度（°），R 代表弧度。

（4）显示特定数据。相量仪底部的状态栏给出了当前被选择的相量的幅值和相位信息（左边为幅值、右边为相位）。相量仪左下角的一排单选按钮可用于查看特定相量的信息，这些单选按钮从左至右分别代表第 1～6 个相量，其中具有蓝色点的表示当前被查看的相量，如图 2-32 所示。

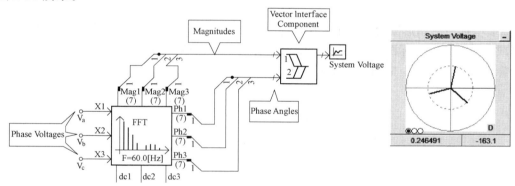

图 2-32　FFT 元件获取相量

8. 示波器

示波器是一个用来模拟真实示波器对随时间变化周期性信号（如交流电压或电流）触发效果的特殊运行元件。给定一个基准频率后，示波器会在整个仿真过程中跟随信号变化（类似于移动的窗口），按照基准频率给出的速率刷新其显示。其效果是使得示波器固定于被显示的信号上，产生了触发效果。典型的示波器如图 2-33 所示。

示波器同样不能从工具栏直接添加，每个示波器对象都与唯一输出通道元件的一条曲线相连接。示波器支持数组信号，即该信号可包含多条轨迹。

（1）添加示波器。右击输出通道元件，从弹出的菜单中选择 Graphs/Meters/Controls|Add as Oscilloscope 项，则鼠标指针上将出现一个示波器，移动鼠标至相应的位置后单击鼠标左键即可完成示波器的添加。

（2）可视周期总数的调整。可以通过单击示波器底部状态栏上的向上或向下按钮来增加或减少可视周期总数。这种调整也可以通过在示波器的标题栏上右击，从弹出的菜单中选择

Increase One Cycle 项或 Decrease One Cycle 项来实现，如图 2-34 所示。

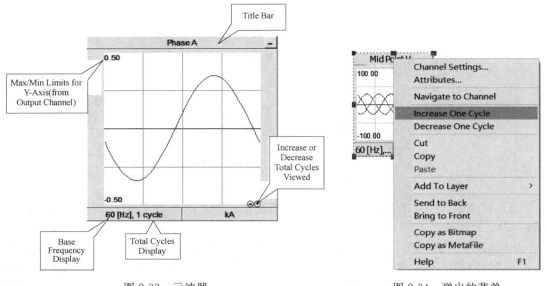

图 2-33　示波器　　　　　　　　　　　　　　图 2-34　弹出的菜单

9. XY 坐标图

XY 坐标图由图形框架和一个专用于绘制一条曲线相对另一条曲线变化规律的图形窗口所构成。一个 XY 坐标图在 X 轴和 Y 轴上可容纳多条曲线，同时具有动态缩放和极坐标网格功能。典型的 XY 坐标图如图 2-35 所示。

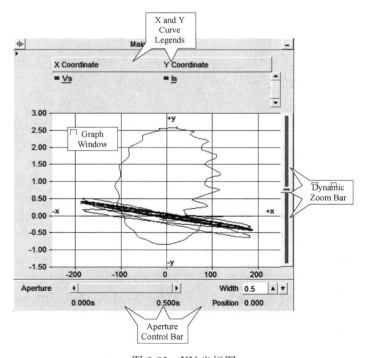

图 2-35　XY 坐标图

　　XY 坐标图用于绘制一个信号相对另一个信号的变化规律，这些信号必须基于相同的时间尺度进行提取，可以在时域范围内对数据进行滚动，XY 坐标图底部的时域孔径控制条可以实现该操作。

　　（1）添加 XY 坐标图。在项目的电路页面的空白处右击，从弹出的菜单中选择 Add Component XY Plot 项，或者在功能区控制条的 Components 选项卡中单击 XY Plot 项，如图 2-36 所示。此时鼠标指针上出现一个 XY 坐标图，移动鼠标到相应的位置，然后单击左键即可实现 XY 坐标图的添加。

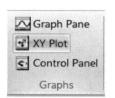

图 2-36　添加 XY 坐标图

　　（2）调整 XY 坐标图图框属性。在 XY 坐标图图形框架的标题栏上双击鼠标左键或右击，从弹出的菜单中选择 Plot Frame Properties 项，均可得到如图 2-37 所示的图形框架属性设置对话框。

　　Name：为图形框架输入标题，所输入的文本将显示在图形框架的标题栏上。Show Glyphs：在该图形框架中所有曲线上显示曲线的字形符号。

　　Show Ticks：在该图形框架中图形内的截距线上显示记号。

　　Show Grid：在该图形框架中图形内显示网格。

　　Show Y-Intercept/ Show X-Intercept：在该图形框架中图形内显示沿 Y 或 X 轴的截距线。

　　Show Markers：显示 O 和×标记。

　　× Marker：设置×标记的位置（单位为 s）。

　　O Marker：设置 O 标记的位置（单位为 s）。

　　（3）调整绘图图形属性。在绘图区双击鼠标左键或右击，从弹出的菜单中选择 Plot Properties 项，均可弹出如图 2-38 所示的绘图属性设置对话框。

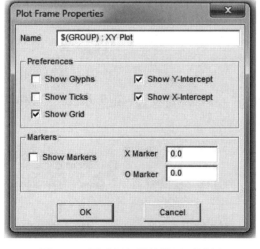

图 2-37　图形框架属性设置对话框

图 2-38　绘图属性设置对话框

　　Show Grid：在该图形框架中图形内显示网格。

　　Show Ticks：在该图形框架中图形内的截距线上显示记号。

　　Show Intercepts：在该图形框架中图形内显示沿 Y 或 X 轴的截距线。

Show Glyphs：在所有轨迹上显示字形符号。

Show Cross hair：调用十字准星模式。

AutoCurve Colours：勾选该选项后系统会自动为曲线轨迹着色，此时不能手动更改曲线颜色。

Invert Colours：勾选此选项后图形背景将变为黑色，而不再是白色或黄色。

Snap Aperture to Grid：勾选此选项后，使用动态孔径调整时，孔径视图将在动态缩放时捕捉大网格。

Maintain Aspect Ratio：勾选此选项后，在调整图框尺寸的时候仍然保持已绘制曲线的长宽比。如果不勾选该选项，曲线的形状将根据曲线框的实际形状而变化。

Line/Scatter：选择曲线轨迹是线型还是散点图形式。散点图形式只是简单地在 XY 坐标点上增加单点。

Position：输入孔径窗口的起始位置，单位为 s。

图 2-39　极坐标网格

Width：输入孔径窗口的宽度，单位为 s。

（4）极坐标网格。曲线轨迹默认以直角坐标形式显示，但可以通过单击 XY 坐标图图框左上角的 XY/极坐标切换按钮切换为极坐标网格形式，如图 2-39 所示。

10. 绘图工具提示

为了有助于数据分析，绘图工具上显示的数据应具有足够的精度。但这样会造成一些显示上的问题，如足够的显示精度要求图形具有足够的显示空间，这将缩小绘图环境。该问题可通过弹出工具提示来解决。

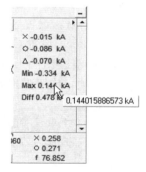

图 2-40　工具提示

在默认情况下，参与绘图的最重要数据会直接显示在图框上。这对在查看标记的数据时尤为明显。通常标记的数据只显示 4 位有效数字，但对大多数研究而言，这样的精度无法使用户对数据进行准确的评估。实际上，工具提示功能可以显示 12 位有效数字的真实数据，只要移动鼠标指针到需要显示的数字上就会弹出相应的工具提示，如图 2-40 所示。

现有的绘图工具提示包括曲线的最大/最小值、十字准星位置、标记大小及某点数据等，且有效数字都是 12 位，如图 2-41 所示。

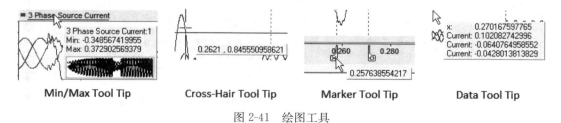

图 2-41　绘图工具

11. 标记

标记是图形框架和 XY 坐标图中都具有的一个特殊功能，可以帮助用户进行在线数据分析。通过划定数据范围可进行该范围内数据的重点分析。根据标记的位置，在图例上会显示两个标记之间的 X 和 Y 两个方向上的数据差异。

标记只能在 X 轴（时间轴）上进行设定，而且将显示为两个可调的标签。一个标签被标记为×，另一个被标记为 O，二者的组合就构成了要分析的数据边界。一旦设置了标记，就可以对标记范围内的数据进行分析。

图形框和 XY 坐标图中的标记略有不同。

（1）显示/隐藏标记。有多种方法可以显示或隐藏标记：

1）在所需要表计的图形框架或 XY 坐标图的图形显示区右击，在弹出的菜单中选择 Preferences Show Markers 项，以显示标记。再次重复该操作将隐藏标记。

2）在图形框架的水平轴上双击或右击，从弹出的菜单中选择 Axis Properties 项，在随后弹出的对话框中勾选 Show Markers 项，以显示标记。再次重复该操作将隐藏标记。

3）在 XY 坐标图的标题栏上双击或右击，从弹出的菜单中选择 Plot Frame Properties 项，在随后弹出的对话框中勾选 Show Markers 项，以显示标记。再次重复该操作将隐藏标记。

（2）图形框架的标记图例。图形框架的标记是在水平轴上出现的两个标签，标记为×和 O。

对应于 X 轴上的两个位置，如图 2-42 所示。

如果图形框架的标记功能被启用，则在图形框架的右侧会出现相应的图例：

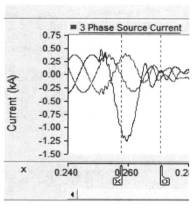

×：当前激活的轨迹在×标记位置的 Y 轴数值。

O：当前激活的轨迹在 O 标记位置的 Y 轴数值。

△：上述两个数值的差值（O 标记值－>标记值）。

Min：当前激活的轨迹在标记范围内的 Y 轴最小值。

Max：当前激活的轨迹在标记范围内的 Y 轴最大值。

X 轴也会出现相应的图例，含义基本相同，只是数值大小代表在 X 轴上的位置。

图 2-42　图形框架的标记图例

（3）XY 坐标图的标记图例。XY 坐标图启用标记后会在图框的底部出现一个控制条，并且在曲线图上出现相应的标记，如图 2-43 所示。可以看出，在 XY 坐标图中启用标记时会出现如下相应的图例：

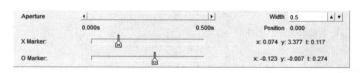

Aperture Control Bar

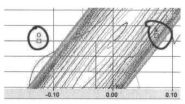

Marker Display in Graph

图 2-43　XY 坐标图的标记图例

X：当前激活的轨迹在标记处的 X 轴数值。

Y：当前激活的轨迹在标记处的 Y 轴数值。

T：当前激活的轨迹在标记处对应的时间。

（4）更改激活的曲线。标记只对当前激活的轨迹有效，如果在多图或者重叠图中有多条曲线轨迹，可以通过键盘的空格键来切换激活的曲线，也可以在曲线图例中进行切换。但在 XY 坐标图中就必须使用图例来进行切换，原因在于此时的空格键不可用。

（5）调整标记的位置。启用标记模式以后，可以通过如下几种方法对标记的位置进行调整。

1）将鼠标放在标记的标签上，左键单击并保持，拖动鼠标到需要的位置，然后释放鼠标即可。该方法对在图形框架和 XY 坐标图上均有效。

2）在图形框架的 Axis Properties 设置对话框中勾选显示标记，并在输入栏中填写每个标记的位置。同时也可以直接设置两个标记之间时间对应的频率，即 1/Delta，如图 2-44 所示。

3）在 XY 坐标图中，通过绘图框属性设置对话框来设置标记的位置，如图 2-45 所示。

图 2-44　图形框架的 Axis Properties 设置对话框　　　　图 2-45　绘图框属性设置

（6）切换时间差 f△。标记启用后，可以很方便地对时间差求倒数，变成频率的显示方式。在图形框架的水平轴上双击鼠标左键或右击，从弹出的菜单中选择 Toggle Frequency/Delta 项（或直接按 F 键）就可以实现切换，如图 2-46 所示。但该操作在 XY 坐标图中不可用。

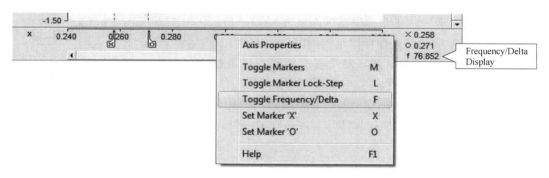

图 2-46　切换时间差 f△

（7）标记的锁定与解锁。标记锁定后，将使得标记沿 X 轴移动时，标记之间的差为固定值。可在图形框架的 Axis Properties 设置对话框中勾选 Lock Markers 项，或者在水平轴上右击，从弹出的菜单中选择 Toggle MarkerLock-Step 项（或者直接按 L 键）来锁定标记，如图 2-47 所示。重复进行该操作即可解除锁定。

（8）标记的设定。可以通过以下步骤在图形框架时间轴的某个位置添加标记。

1）在时间轴上单击，按 M 键，显示出标记标签。

2）在需要放置×标记的位置单击，然后按×键。

3）在需要放置 O 标记的位置单击，然后按 O 键。

图 2-47　标记的锁定与解锁

在设置了显示标记的情况下，也可以通过使用右键菜单的方式来完成标记的设定。方法是在要放置标记的大体位置上右击，通过从弹出的菜单中选择 Set Marker×项或 Set Marker O 项来选择设置×标记或 O 标记，如图 2-48 所示。

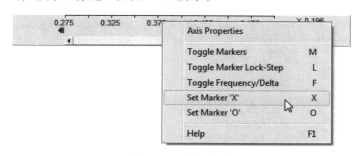

图 2-48　右键菜单

（9）充当书签功能。如果当前视图窗口时间范围只是整个图框时间范围的一小部分，则标记的位置可能在当前视图范围以外。此时可通过单击时间轴上的红色和蓝色箭头，使得视图窗口自动滚动并扩展，如图 2-49 所示。这样可将所设置的标记位置充当曲线视图的书签。

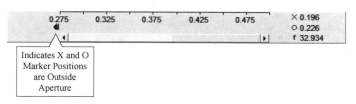

图 2-49　充当书签功能

12. 缩放特性（前面有简单的应用）

只要仿真程序已经运行且产生了输出数据，可通过如下方法实现数据显示的放大和缩小操作。

（1）一般的缩放操作。选中需要缩放的图形，然后右击，从弹出的菜单中选择 Zooml Zoom In 项或 Zooml Zoom Out 项即可进行放大或缩小操作。也可以用键盘上的＋或－键来代替右键菜单，但必须保证需要操作的图形已经被选中。

（2）放大框。单击所需放大图形的显示区并保持，拖动鼠标指针形成一个方框区域，释放鼠标即可放大该区域，如图 2-50 所示。

（3）垂直放大。选中需放大图形的显示区，按住 Shift 键＋鼠标左键，拖动鼠标指针在

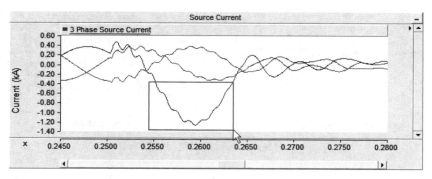

图 2-50   放大框

垂直方向移动即可创建一个垂直放大区域，松开鼠标即可放大该区域。如图 2-51 所示。

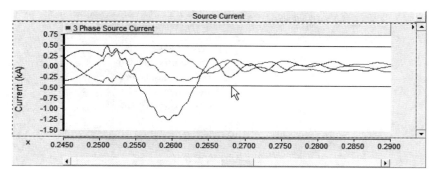

图 2-51   垂直放大

（4）水平放大。选中需放大图形的显示区，按住 Ctrl 键＋鼠标左键，拖动鼠标指针在水平方向移动即可创建一个水平放大区域，松开鼠标即可放大该区域，如图 2-52 所示。

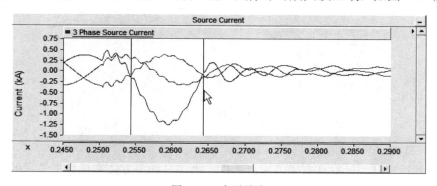

图 2-52   水平放大

13. 十字准星模式

如果仿真已经运行且有输出数据被绘制，则可以通过十字准星模式来查看曲线值。右击目标图形，从弹出的菜单中选择 Preferences/Show Cross Hair 项；也可在选定了目标图形后使用快捷键 C 来调用十字准星模式。

启用了十字准星模式后，单击鼠标左键并保持，然后拖动鼠标就可以查看不同位置的曲

线数值。如果有多条曲线，可以通过空格键进行曲线之
间的切换，如图 2-53 所示。

　　曲线 XY 的数据将会显示在十字准星的旁边，释放
鼠标左键后十字准星将会消失，但十字准星模式仍然存
在，只有再次按下快捷键 C 或选择 Preferences/Show
Cross Hair 项才可退出十字准星模式。

　　14. 弹出工具条

　　弹出工具条是图形框架和多测表计所具有的一个特
殊功能，可以方便快速地访问图形的设置，单击图框右

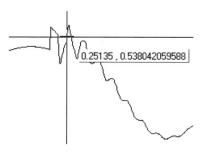

图 2-53　十字准星模式

上角的小箭头，就会弹出该工具条，如图 2-54 和图 2-55 所示。工具条的各个按钮功能说明
分别见表 2-1。

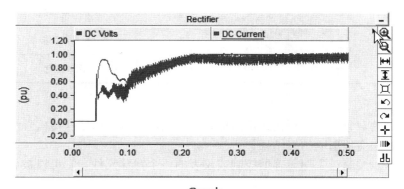

图 2-54　图形框架的弹出工具条

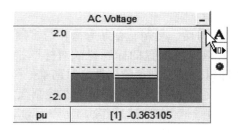

图 2-55　多测表计的弹出工具条

表 2-1　　　　　　　　　　　　　　图形框架的工具条注释

按钮	按钮功能
⊕	放大
⊖	缩小
↔	水平范围放大
⊥	垂直范围放大

续表

按钮	按钮功能
耳	重置所有范围
↰	前一个放大
↱	下一个放大
✛	十字模式
‖▶	X 轴自动平移切换
ｄｂ	标记切换
A	索引号切换
◀▶	滚动条切换
●	图块颜色

15. 在线控制和仪表

该部分介绍的对象允许用户在线访问输入的数据信号，从而使这些信号能够在仿真运行过程中被改变，相应地影响仿真结果。

（1）控制盘。控制盘是用于容纳控制或仪表的一个特殊元件，它可以被放置在电路画布中的任何位置。在一个控制盘中可以添加任意多个控制或仪表接口元件。

（2）添加控制盘及基本操作。在电路视图页面的任何空白处右击，从弹出的菜单中选择 Add Component Control Panel 项，或者在功能区控制条的 Components 选项卡中选择 Control Panel 项即可添加控制盘。

控制盘的移动/大小调整、剪切、复制、粘贴等操作与多测表计的操作基本相同。

（3）控制盘的属性调整。双击控制盘的标题栏或对标题栏右击，从弹出的菜单中选择 Control Panel Properties 项即可调整控制盘的属性。目前唯一可调的属性是标题。

Caption：为控制盘输入标题，并且该标题将出现在控制盘的标题栏中。

（4）控制接口。控制接口是一个用户接口对象，允许手动动态调整输入数据信号。控制接口必须与一个时间运行控制对象相连接，如滑动块、开关、拨码盘和按钮。控制接口将控制所连接的控制元件的输出。图 2-56 所示为以滑动块元件和双状态开关元件分别控制信号 AO 和 KB 的输入，在控制接口上可以完成这两个信号的动态改变。

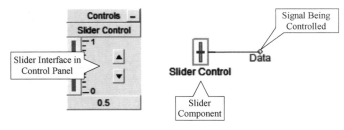

图 2-56　控制接口

（5）添加控制接口至控制盘。有两种方式可以实现控制接口的添加。

1）拖放。按住 Ctrl 键，单击相应的控制元件并保持，将其拖动至控制盘后释放鼠标即可实现。

2）右键菜单。在控制元件上右击，从弹出的菜单中选择 Graphs/Meters/Controls/Add as Control 项，然后在相应的控制盘上右击，从弹出的菜单中选择 Paste 项即可实现。

添加到控制盘后的每种控制元件将有不同的控制接口外观。图 2-57 所示为不同控制元件及与它们对应的控制接口，从左至右分别为滑动块、开关、拨码盘和按钮。

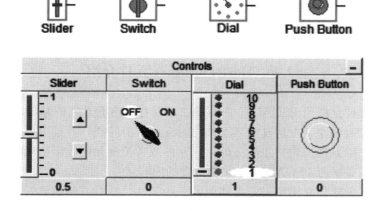

图 2-57　不同控制元件及与它们对应的控制接口

（6）控制界面的排列顺序。当一个控制盘中具有多个控制接口时，可以通过拖放（见图 2-58）或右键菜单方法对控制接口的排列顺序进行调整。

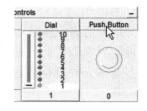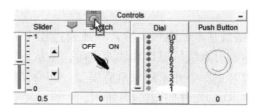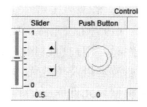

图 2-58　控制接口

右键菜单方式是在某个控制接口上右击，从弹出的菜单中选择 Set Control Order 项。在其子菜单中的操作包括左移/右移/移至最左/移至最右四种操作。

（7）仪表。仪表与图形类似，都可用于显示输出信号，而且需要与相应的输出通道元件相连接，但与图形不同的是，图形是以曲线的形式来显示输出数据，而仪表是用于模拟真实仪表的显示，用指针的位置来显示输出信号的幅值大小。图 2-59 所示为控制盘中的仪表与输出通道元件相连接。仪表只能存在于控制盘中。仪表接口最多可以显示 6 位有效数字，但通过工具提示，可以查看最多 12 位有效数字的数值显示，如图 2-60 所示。

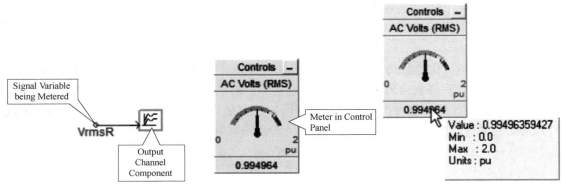

图 2-59　控制盘中的仪表与输出通道元件相连接　　　　图 2-60　仪表接口

2.6　Master Library 元件介绍

元件库中的元件是应用 PSCAD 仿真的基础，只有在熟悉元件的基础上才能正确选取相应元件搭建电气控制电路，在仿真结果不理想时深入分析问题，并且可以在深刻理解电力系统的基础上使用基础元件搭建特定功能的电气元件或者控制元件以丰富元件库。因此熟练掌握相应元件的使用是学习 PSCAD 一个非常重要的内容。

本节将介绍在创建仿真模型时经常使用的一些元件，并对一些重要元件的电气特性、应用范围、参数设置进行阐述以方便读者使用。在介绍元件时相应地介绍该类元件的背景知识以及在 EMTDC 中的处理模式。

本章大致按照 PSCAD 自带元件库的分类结构进行阐述，对于一些最简单的基础元件不再赘述。此外，在学习本章过程中，建议读者配合软件自带案例对一些元件进行功能测试，以加深理解与记忆。

1. 无源电气元件

（1）RLC 元件。RLC 是最基本的电气元件，在建模过程中如果线路满足集中参数等值条件时，用户可以根据实际电力系统情况设置线路电阻、电抗以及对地电容参数。此外在研究滤波器以及传统无功补偿时主库中并未提供对应模型，需要使用这些基本元件自行搭建等值模型。元件库提供的基本 RLC 元件如图 2-61 所示。

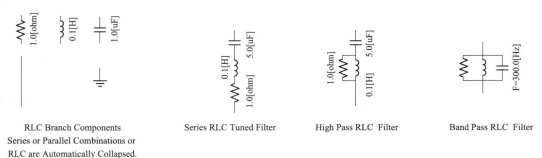

RLC Branch Components　　　　Series RLC Tuned Filter　　　High Pass RLC Filter　　　Band Pass RLC Filter
Series or Parallel Combinations or
RLC are Automatically Collapsed.

图 2-61　基本 RLC 元件

（2）功率负载元件。PSCAD 研究负载功率时提供的是功率负载元件（Fixed Load）模型，如图 2-62 所示。

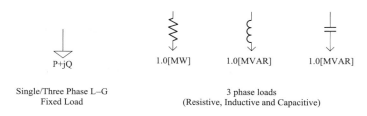

图 2-62　功率负载元件

负载功率和电压、频率相关，在参数属性中一般将 $\mathrm{d}Q/\mathrm{d}f$ 和 $\mathrm{d}P/\mathrm{d}f$ 设置为 0，设置 Rated real power per phase 和 Rated reactive power（+inductive）per phase 参数，便可测得该元件的实际负荷。但在测试中发现该元件虽然将 $\mathrm{d}Q/\mathrm{d}f$ 和 $\mathrm{d}P/\mathrm{d}f$ 设置为 0，但实际负荷波形仍与电压相关。

（3）金属氧化物浪涌避雷器。金属氧化物浪涌避雷器（Metal Oxide Surge Arrestor）用来模拟金属氧化物避雷器，如图 2-63 所示。用户可以直接输入 I-U 特性，或者从外部文件读取 I-U 数据，或者使用默认的（ASEA XAP-A）特性。金属氧化物浪涌避雷器被模拟一个非线性电阻与可变电压源的串联。支路电阻在整个运行区域分段线性化处理。

图 2-63　金属氧化物
浪涌避雷器

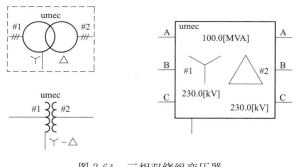

图 2-64　三相双绕组变压器

2. 电源与变压器模型

（1）三相双绕组变压器。该元件基于经典模型方法模拟了三相双绕组变压器（3-Phase 2-Winding Transformer），如图 2-64 所示。对于变压器的励磁特性，用户有两种选择，或是选择励磁支路（线性铁芯），或是选择程序注入电流。如果忽略励磁支路，则变压器采用的是理想模型，仅保留漏抗。

（2）三相电压源模型。三相电压源模型（Three-Phase Voltage Source Model）模拟了一个三相交流电压源，如图 2-65 所示。其电源阻抗可以指定为理想状态。电源可固定控制、

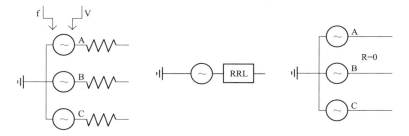

图 2-65　三相电压源模型

内部参数控制或外部信号控制。

3. 非线性电力电子元件介绍

（1）电力电子开关。电力电子开关（Power Electronic Switch）包括四种功能器件：二极管、晶闸管、GTO 和 JGBT。该元件可以描述为两状态的电阻性开关并联一个可选的 RC 缓冲环节，如图 2-66 所示。

1）二极管。二极管（Diode）的导通和关断状态由它两端电压和流经的电流所决定。当为正向电压、正向电流时导通。二极管如图 2-67 所示。

图 2-66   电力电子开关   图 2-67   二极管

二极管固有导通电阻很小且关断电阻很大。当其正向偏置且正向电压超过了输入参数时二极管导通，电流过零时二极管关断。二极管的 V-I 特性曲线如图 2-68 所示。

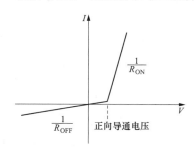

图 2-68   二极管的 V-I 特性曲线

未来为计算器件动作的准确时刻，导通和关断时间都采用了插值算法。因此，导通发生在正向电压正好达到"正向导通电压"的时刻，而关断发生在电流正好到零的时刻。如果导通电阻为零或小于开关阈值，则器件的导通状态就被视为理想短路。

2）晶闸管。晶闸管（Thyristor）通常由门极触发后保持导通，而根据器件自身的电压和电流情况决定何时关断。为了产生门极触发脉冲，需要外部的控制信号。晶闸管如图 2-69 所示。

本组件还模拟了熄、弧时间。因此，在输入参数"最小熄灭时间"所定义的时间还未过去，而正向偏置电压又大于输入参数"最小熄灭时间"，则晶闸管会重新导通。即使没有门极触发信号，这种情况也会发生。晶闸管的反向恢复时间（即在关断后，恢复到允许一定的反向电流流过器件的时间）假定为零，若导通电阻为零或小于开关阈值，则器件的导通状态就被视为理想短路。

3）GTO/IGBT。GTO 和 IGBT 模型本质上相同。GTO/IGBT 通常由门极触发导通和关断，如图 2-70 所示。为了产生门极触发脉冲需要有外部的控制信号。在自换相的导通和关断（包括正向强制导通）期间，为了计算开关动作的确切时刻，自动采用了插值算法。但需要注意的是，是否插值计算到来的门极信号，需用户选择。

图 2-69   晶闸管   图 2-70   GTO/IGBT

（2）6 脉波桥。6 脉波桥（6-Pulse Bridge）模块如图 2-71 所示。其有三相图和单相图两种显示方式。其包括了一个 6 脉波格雷兹变换桥（可做整流器也可作逆变器）、一个内部的锁相器以及触发和阀闭锁控制、触发角和息弧角的测量。内部的每一个晶闸管都包含了 RC 缓冲器环节。

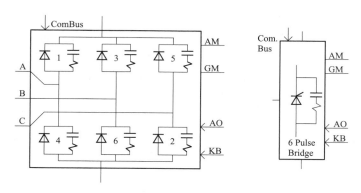

图 2-71　6 脉波桥（6-Pulse Bridge）模块

6 脉波桥主要有以下的外部输入和输出变量：

ComBus：为内部锁相振荡器提供输入信号，此输入端通过 Node Loop 组件与换相母线相连；

AO：为变换器输入触发角；

KB：输入闭锁或解锁控制信号；

AM：触发角的测量值输出；

GM：息弧角的测量值输出。

（3）静止无功补偿器。静止无功补偿器（Static VAR Compensator）是一个 12 脉波 TSC/TCR 静止无功补偿系统，如图 2-72 所示。此模块包括一个变压器，其一次侧为星形接线、二次侧为三角形接线。用户可以选择 SVC 吸收无功（感性运行）和发出无功（容性运行）的量值，也即 TSC 容量段的数目。每一容量段的额定容量由总的限制容量除以容量段的数目得到。

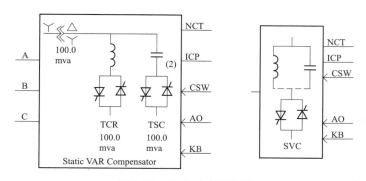

图 2-72　静止无功补偿器

静止无功补偿器包括以下外部的输入和输出变量：

1）CSW：电容器投切信号，1 表示投入一组电容，−1 表示切除一组电容；

2）AO：Alpha 的定值；

3）KB：闭锁和解锁信号，0 表示闭锁 TCR，1 表示解锁；

4）FP：三角形连接的 TCR 的触发数组（6 个元素）；

5）FPS：星形连接的 TCR 的触发数组（6 个元素）；

6）NCT：输出 TSC 投入的电容器组数目；

7）ICP：栓锁电容器投切信号 CSW，在所有的投切过程结束后将 CSW 信号置为零。

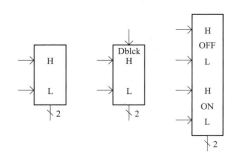

图 2-73　插值点的触发脉冲

（4）插值点的触发脉冲组件。插值点的触发脉冲（Interpolated Firing Pulses）组件返回一个二元数组，包括触发脉冲和晶闸管、IGBT 和 GTO 插值导通关断时刻所需要的插值时间标签，如图 2-73 所示。第一个元素信号为 0 或 1，表示实际的门极控制信号；第二个元素为插值的时刻。

组件的输出是基于输入信号 H 和 L 的比较得出的。L 通常是触发角定值，H 则来自锁相振荡器或者与之等同的环节（将触发角定值与电压信号的实时相位，即锁相环节的输出相比较，当时间步长前进到 t 与 t＋Δt 之间有器件动作，也即触发角定值位于这两点之间时，就运用插值算法进行计算，并输出触发信号；否则就输出 0）。

此组件可以为以下元件生成定时的触发脉冲：

1）单个 GTO/IGBT；

2）6 脉波 GTO/IGBT 桥；

3）单个晶闸管；

4）6 脉波晶闸管桥。

需要注意的是，若使用的是 GTO 或 IGBT，则此组件还提供对 OFF 信号的输入比较。

（5）通用电流控制组件。通用电流控制组件（Generic Current Control）模拟了通用的电流控制或极控制，如图 2-74 所示。在实际的 HVDC 系统中，这一组件的电流定值和熄弧角两个输入，可由系统的保护性需求如"依赖于电流限制的电压"处理生成。然而电流控制仍是直流连接运行的一个重要特性，这是因

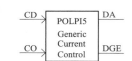

图 2-74　通用电流控制组件

为阀限制了过电流能力。电流定值限制要确保换流器电流保持在安全的运行水平上。通常对于某极上的每一阀组，电流控制器都提供一个触发角的期望值。于是，电流控制器也可称为"极控制器"。输入到电流控制器的电流定值由某些额外的控制、保护和限制条件所调节，以确保稳态和暂态的功率控制和系统保护。

此模型实现两种功能：由电流定值（CO）和电流测量值（CD）之间的误差，通过比例—积分控制器生成 alpha 定值；生成熄弧角（gamma）的误差信号（DGE），在电流测量值小于电流定值时，它能增大 gamma 的期望值。

通用电流控制组件的外部输入变量如下：

1）CD：直流电流响应（恒为正），单位：[p.u.]；

2）CO：直流电流定值（恒为正），单位：[p.u.]；

3）DA：alpha 期望值，单位：[rad]；

4）DGE：delta gamma 的误差，单位：[rad]。

（6）通用 gamma 控制组件。通用 gamma 控制（Generic Gamma Control）组件模拟了通用

的息弧角控制，如图 2-75 所示。当换流器反向运行时，如果息弧角过小会引起换相失败。通过对息弧角进行控制以避免出现这一情况。此控制器的输入是 6 脉波或 12 脉波。

通用 gamma 控制组件的外部输入和输出变量如下：

1）DA：alpha 期望值，单位：[rad]；

2）OGE：delta gamma 的误差，单位：[rad]；

3）G：阀组的 gamma 测量值，单位：[rad]；

4）CD：直流电流测量值（恒正），单位：[p.u.]；

5）AO：输出给阀的 alpha 定值，单位：[rad]。

（7）依赖于电流限制的电压组件。依赖于电流限制

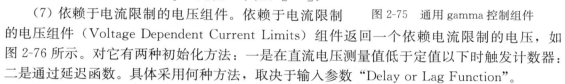

图 2-75　通用 gamma 控制组件

的电压组件（Voltage Dependent Current Limits）组件返回一个依赖电流限制的电压，如图 2-76 所示。对它有两种初始化方法：一是在直流电压测量值低于定值以下时触发计数器；二是通过延迟函数。具体采用何种方法，取决于输入参数"Delay or Lag Function"。

依赖于电流限制的电压有以下外部输入和输出：

1）VD：直流侧测量电压（负极取负值），单位：[kV]；

2）CI：电流定值（恒正），单位：[p.u.]；

3）CO：电流定值输出（恒正），单位：[p.u.]。

（8）gamma 的最小测量值组件。gamma 的最小测量值（Minimum Gamma Measurement）组件测量输入的 gamma 信号，输出上一完整基波周期中的 gamma 最小值，如图 2-77 所示。输出每隔 30 电角度（即 1/12 周期）更新一次，因此此组件的输出就是过去 12 个 30°时间段中的最小值。它的最大输出是 π。

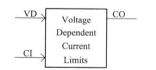

图 2-76　依赖于电流限制的电压组件

图 2-77　gamma 的最小测量值组件

（9）整流器的联合协调控制器组件。整流器的联合协调控制器（CCCM Controller for Rectifier）组件模拟了采用联合协调控制方法（Combined Coordinated Control Method，CCCM）的直流系统电压依赖电压定值的特性。整流器的联合协调控制器如图 2-78 所示。CCCM 对每一处直流站的直流电流和直流电压进行联合和协调控制。

（10）有效的 gamma 测量值组件。有效 gamma 测量值（Effective Gamma Measurement）组件可以计算 6 脉波逆变器的有效 gamma 值，如图 2-79 所示。所谓的有效 gamma 值是指电压刚过零的阀的 gamma 角。

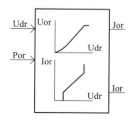

图 2-78　整流器的联合协调控制器组件

图 2-79　有效的 gamma 测量值组件

本组件包括以下外部输入和输出：

1）VV(6)：晶闸管电压 6 元素测量输入数组，单位：[kV]；

2）Gv(6)：晶闸管 6 元素的测量输入值，单位：[s]；

3）Ge：最后一个正向偏置阀的 gamma 测量输出值，单位：[°]；

4）Ga：gamma 平均输出值，单位：[°]；

5）Gm：gamma 最小输出值，单位：[°]；

（11）晶闸管投切电容器的分配组件。晶闸管投切电容器的分配（Thyristor Switched Capacitor Allocator）组件监视 α 定值输入信号（AO），如果信号超出了规定的限值（UP 和 OWN），则生成信号以投入或切除一组电容器。在这之后，施加一段时延以允许 AO 适应其新值。

此模型正常是用作 Static VAR Compensator 组件的 CSW 输入，如图 2-80 所示。

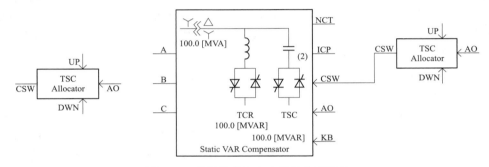

图 2-80　晶闸管投切电容器的分配组件

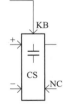

图 2-81　TCR/TSC 电容投切逻辑组件

（12）TCR/TSC 电容投切逻辑组件。TCR/TSC 电容投切逻辑（TCR/TSC Capacitor Switching Logic）组件生成信号以投切 Static VAR Compensator 组件中的 TSC 电容器组，如图 2-81 所示。本组件包括以下外部输入和输出：

1）Ne：当下投入运行的 TSC 组数；

2）－：切除一组 TSC 的信号（1 将切除 l 组）；

3）＋：投入一组 TSC 的信号（1 将投入 l 组）；

4）KB：闭锁或解锁信号 1 或 0（0 则闭锁输出）。

本组件的输出是 1 或－1，1 表示投入一组，－1 表示切除一组。

4．电力测量元件以及表计

（1）电压表。电压表（Voltmeters）组件用来创建一个电压信号，其代表电路图中两节点之间的电压差，如图 2-82 所示。用户需要使用同名的"Data Label"组件连接到"wire"上，或者连接到控制组件的输入上，如图 2-83 所示。

图 2-82　电压表　　　　　　图 2-83　同名的"Data Label"组件

（2）在线频率扫描仪 FFT 分析。在线频率扫描仪 FFT 分析〔On-Line Frequency Scanner(FFT)〕组件是一个在线快速傅里叶转换器，可以确定作为时间函数的输入信号的谐波幅值和相位，如图 2-84 所示。在输入信号被分解成各个谐波分量之前要先进行采样。

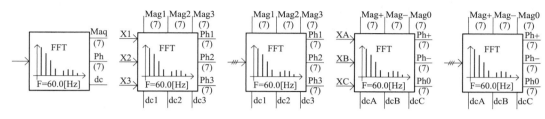

图 2-84　FFT 组件

可以选择使用 1、2 或 3 路输入，当选择 3 路输入时，组件可以提供序组件形式的输出。用户可以选择以下 FFT 模块类型：

1）1-pbase：标准的一相 FFT，输入经处理后将提供基频的幅值和相角及其谐波（包括直流分量）。

2）2-pbase：与单一模块的 1-pbase FFT 没有差别，保持了结构的紧凑性和组织性。

3）3-phase：与上类似，仅仅是将三个 1-phase FFT 合并到一个模块中。

4）＋/－0 Seq：将采用三相输入：XA、XB 和 XC，通过定序器计算 FFT 的原始输出，计算后的结果有基频分量的正序、负序和零序的幅值和相位，以及各次谐波、直流分量。

5. 保护模块

（1）CT-JA 模型。CT-JA 模型（Current Transformer-JA Model）组件模拟了基于 Jiles-Aherton 铁磁磁滞理论的电流互感器，如图 2-85 所示。基于磁性材料的物理特性，给出了饱和效应以及磁滞剩磁和最小磁滞回线等信息。被测量电流作为输入，输出是继电设备所用的一次电流。

（2）CT-Lucas 模型。CT-Lucas 模型（Current Transformer-Lucas Model）组件模拟了负载（继电设备）为感性的电流互感器，如图 2-86 所示。被测量电流作为输入，输出是继电设备所用的二次电流。

图 2-85　CT-JA 模型　　　　　图 2-86　CT-Lucas 模型

（3）双 CT 差分结构-JA 模型。双 CT 差分结构-JA 模型（Two CT Differential Configuration-JA Model）组件模拟了差动保护中并联运行的两个电流互感器，如图 2-87 所示。模型基于 Jiles-Aherton 的铁磁磁滞理论和磁性材料的物理特性，给出了饱和效应以及磁滞剩磁和最小磁滞回线等信息。

图 2-87　双 CT 差分结构-JA 模型

被测量的一次侧线电流作为输入，模型计算出流过 CT 线圈的二次侧电流（Amps），流经继电设备的电流是其内部输出变量。

（4）带耦合电容的电压互感器。带耦合电容的电压互感器（Coupled Capacitor Voltage

Transformer，CCVT）组件模拟了相互作用的耦合式电压互感器（VT），如图 2-88 所示。模型的输入是电容两端的电压，输出是变换后的电压 U_s（Volts）。

（5）PT—Lucas 模型。PT—Lucas 模型（Potential Transformer，PT/VT）组件模拟了相互作用的耦合式电压互感器。输入是测量的系统电压 U_p，如图 2-89 所示。输出是变换后的电压 U_s（Volts）。PT/VT 的电路结构如图 2-90 所示。

图 2-88　带耦合电容的电压互感器

图 2-89　PT—Lucas 模型

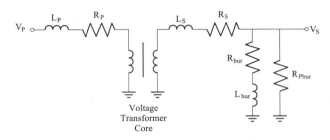

图 2-90　PT/VT 的电路结构

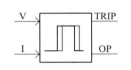

图 2-91　均值比相继电器

（6）均值比相继电器。均值比相继电器（Block Average Phase Comparator Relay）组件模拟了均值比相继电器，如图 2-91 所示。如果由 U 和 I 所描述的阻抗在保护区外，则此值为负。本组件对标幺化的电气量（范围 1.0～2.0）进行积分，如果积分器的输出超过 1.0 则输出跳闸信号（1），默认输出是 0。

（7）线对地阻抗。线对地阻抗（Line to Ground Impedance）组件模拟了接地阻抗继电器，输出对地阻抗，如图 2-92 所示。VM 是指电压幅值，VP 是指电压相角，IM 指电流幅值，IP 指电流相角。输出阻抗是直角坐标形式（即输出 R 和 X），优化后供 "Trip Polygon" "Distance Relay-Apple Characteristics" "Distance Relay-Lens Characteristics" 或 "Mho Circle" 跳闸元件使用，结构如图 2-93 所示。

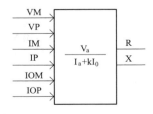

图 2-92　线对地阻抗

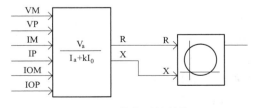

图 2-93　优化后的结构

（8）相间阻抗。相间阻抗（Line to Line Impedance）组件模拟了接地阻抗继电器，输出相间阻抗，如图 2-94 所示。本组件像接地阻抗继电器一样计算出相间阻抗。输出阻抗是直角坐标形式（即输出 R 和 X），优化后供"Trip Polygon""Distance Relay-Apple Charac-teristics""Distance Relay-Lens Characteristics"或"Mho Circle"跳闸元件使用，结构如图 2-95 所示。

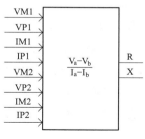

图 2-94　相间阻抗

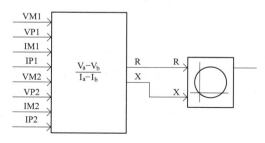

图 2-95　优化后的结构

（9）阻抗圆。阻抗圆（Mho Circle）组件如图 2-96 所示，归类于"阻抗区域元件"。它检测输入 R 和 X 所描述的点是否位于规定的阻抗区域内。R 和 X 是被监测阻抗的电阻和电感，单位可以是标幺形式或者 ohms 形式。需要注意的是，组件输入参数的单位设置与输入的 R 和 X 的单位需保持一致。如果输入 R 和 X 所描述的点位于规定的区域内则输出"1"，否则输出"0"。

（10）跳闸多边形。跳闸多边形组件（Trip Polygon）如图 2-97 所示，归类于"阻抗区域元件"。它检测输入 R 和 X 所描述的点是否位于规定的阻抗区域内。R 和 X 是监测到的阻抗的电阻和电感，如果输入 R 和 X 所描述的点位于规定的区域内则输出"1"，否则输出"0"。

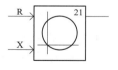

图 2-96　阻抗圆

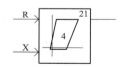

图 2-97　跳闸多边形

（11）序分量过滤器。序分量过滤器（Sequence Filter）组件计算序分量组件的幅值和相角，如图 2-98 所示。输入是相量形式的三相幅值和相角。

（12）距离保护-苹果特性。距离保护-苹果特性（Distance Relay-Apple Characteristics）组件如图 2-99 所示，归类于"阻抗区域元件"，它检测输入 R 和 X 所描述的点是否在定义的阻抗区域内。R 和 X 代表了被检测阻抗的电阻和电感，如果输入 R 和 X 所描述的点位于规定的区域内则输出"1"，否则输出"0"。苹果特性可由两个等半径的圆生成，定义为两个圆的并集。

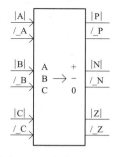

图 2-98　序分量过滤器

（13）距离保护-透镜特性。距离保护-透镜特性（Distance Relay-Lens Characteristics）组件如图 2-100 所示，归类于"阻抗区域元件"，它检测输入 R 和 X 所描述的点是否在定义的阻抗区域内。R 和 X 代表了被检测阻抗的电阻和电感，如果输入 R 和 X 所描述的点位于规定的区域内则输出"1"，否则输出"0"。透镜特性可由两个等半径的圆生成，定义为两个圆的交集。

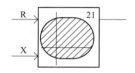
图 2-99　距离保护-苹果特性组件

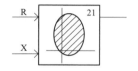
图 2-100　距离保护-透镜特性组件

（14）失步保护-欧姆特性。失步保护-欧姆特性（Out of Step Relay-Mho Characteristics）组件如图 2-101 所示，当阻抗轨迹从功率摇摆闭锁区 6 向内部闭锁区 5 穿越时，本组件检测穿越所需的时间，如果大于设定的时间，即检测到出现了功率摇摆的情况。在大多数这样的情形下，阻抗保护不应启动去切除相关的开关，只有在少数选择好的系统解列点处才需要跳闸。

（15）失步保护-多边形特性。失步保护-多边形特性（Out of Step Relay-Polygon Characteristics）组件如图 2-102 所示，这里 5 区和 6 区定义为四边形（多边形）。对于阻抗轨迹由 6 区向 5 区穿越的时间大于设定时间的情况，负序电流 I_2 需小于限定值，本组件才会发出闭锁信号。

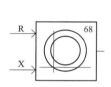
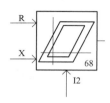
图 2-101　失步保护-欧姆特性组件　　　图 2-102　失步保护-多边形特性组件

（16）失步保护-透镜特性。失步保护-透镜特性（Out of Step Relay-Lens Characteristics）组件如图 2-103 所示，这里 5 区和 6 区定义为透镜（由两个等半径的圆相交而成）。对于阻抗轨迹由 6 区向 5 区穿越的时间大于设定时间的情况，零序电流 I_0 须小于限定值，本组件才会发出闭锁信号。

（17）反时限过流继电器。反时限过流继电器组件（Inverse Time Over Current Relay）如图 2-104 所示，电流继电器通过对电流的函数 F(I) 进行关于时间的积分，得到了反时限电流特性。F(I) 预先定义的输入电流（启动电流），高于 F(I) 为正，低于 F(I) 为负，当积分达到预先定义的门槛值时继电器输出 1。

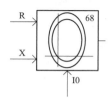
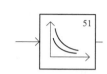
图 2-103　失步保护-透镜特性组件　　　图 2-104　反时限过流继电器组件

组件输入是电流测量信号（单位为 p. u. 或 kA），输入电流高于启动电流时，函数 F(I) 定义为跳闸，当输入电流低于启动电流时继电器返回。

（18）双比率电流差分继电器。双比率电流差分继电器（Dual Slope Current Differential Relay）组件如图 2-105 所示，双比率百分比偏置限制特性由以下 4 个值所决定：

1）IS1：基础的差分电流定值；

2）K1：较低的百分比偏置定值；

3）IS2：偏置电流门槛值；

4）K2：较高的百分比偏置定值。

本组件的输入是两个电流的幅值 I1M 和 I2M，以及对应的相位 I1P 和 I2P。满足跳闸标准且时间大于参数指定的时间时，继电器输出 1。

（19）负序方向元件。负序方向元件（Negative Sequence Directional Element）如图 2-106 所示，对于正向故障，负序阻抗为负值；对于反向故障，负序阻抗为正值。考虑到继电器终端之后的大电源，其可能会导致较低的负序电压，为了解决这一问题，需要加入补偿量以增大负序电压。

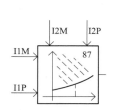
图 2-105　双比率电流差分继电器

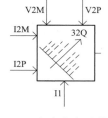
图 2-106　负序方向元件组件

应用步长量会引入一个正向和反向的门槛。标准是：如果 $Z_2 < Z_{2f}$，则故障是正向的；如果 $Z_2 > Z_{2f}$，则故障是反向的。为了避免重合，正向的门槛值必须小于反向的门槛值。仅在负序电流与正序电流的比例大于设定的限值时，才会有输出。

（20）过电流检测器。过电流检测器（Over-Current Detector）如图 2-107 所示。本组件连续检测输入信号是否超过了"过电流限值"。可以设定其在检测之前对输入信号进行处理，如果处理过的输入信号高于门槛值，且持续时间达到了指定的"Delay Time"，组件输出 1（否则输出 0）。

6. 顺序控制元件

（1）启动事件序列。启动事件序列（Start of Sequence of Events）组件如图 2-108 所示，主要用于为控制序列提供一个单独的或重复的开始点。

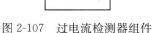
图 2-107　过电流检测器组件

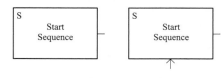
图 2-108　启动事件序列组件

（2）等待事件。等待事件（Wait for an Event）组件如图 2-109 所示，主要用于在一系列事件中控制等待周期，系统提供了下列方法：

1）等待固定的延时；

2）等待随机的延时；

3）等待指定的事件；

4）等待信号相交。

如果选择了"Wait for Signal Crossing"，则需指定一个观测的内部变量。

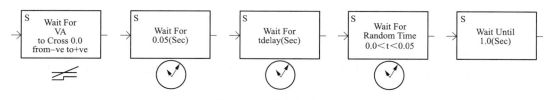

图 2-109　等待事件组件

（3）设定变量。设定变量（Set Variable）组件如图 2-110 所示。本组件用于在一系列事件中设定一个实数型或整数型变量。也就是说，当时钟的状态为高（1）时，本组件中指定的实数型或整数型变量就等于给定的值。

（4）施加/清除故障。施加/消除故障组件（Apply/Clear Fault）用于在一系列事件中施加或清除故障的控制信号。本组件通常与"Single Phase Fault"和"Three Phase Fault"组件配合使用，如图 2-111 所示。

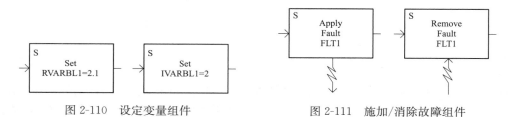

图 2-110　设定变量组件　　　　　　图 2-111　施加/消除故障组件

（5）闭合/关断开关。闭合/关断开关（Close/Open Breaker）组件用于在一系列事件中提供一个闭合或关断断路器的控制信号，如图 2-112 所示。本组件可以与"Single Phase Beaker"和"Three Phase Breaker"组件配合使用，如图 2-113 所示。

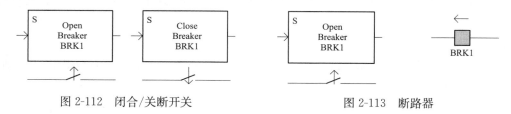

图 2-112　闭合/关断开关　　　　　　图 2-113　断路器

7. 输入/输出元件

图 2-114　输出通道组件

（1）输出通道。输出通道（Output Channel）组件可以记录或引导与之相连的信号，将信号输出到在线显示组件（如 Graph、Meter、Polymeter 等），或者将信号输出到 Output File 中，如图 2-114 所示。输出通道接受任何形式的整数或实数性控制信号（标量或向量）。如果信号是标量，输出通道将自动调整自身信号的维度。在 Output Channel 的单位栏中，选择 p. u. 对输出的是否为标幺值没有影响，这里填写单位 p. u. 只能在图中显示出单位为 p. u. 单位，没有进行标幺值的转化过程。若要取得标幺值输出，有两个方法：方法一，在 Output Channel 下的 Scale Factor 中填入所需转化的标幺值的基准值倒数，因为这一因子是乘以输出结果，所得到的就是标幺值输出；方法二，采用 multimeter 组件，这一组件可以对输出的电压和有功功率取标幺值，前提是填写了对应的基准值。建议在使用过程中注意标幺值的使用范围。

（2）可变的实数/整数输入滑动触头。可变的实数/整数输入滑动触头（Variable Real/Integer Input Slider）组件是规格化的用户界面控制家族的一部分，用户可以通过它在仿真过程中手动调整其输出，如图 2-115 所示。这一组件家族包括 Rotary Switch（Dial），the Two State Switch 和 the Push Button。

图 2-115　可变的实数/整数输入滑动触头组件

本组件可以手动在指定的最大和最小值之间调整实数型或整数型数值。为了实现对这一组件的交互控制，用户必须将它与"Control Panel"用户界面相连，如图 2-116 所示。

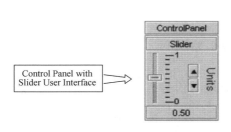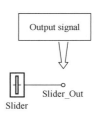

图 2-116　与用户界面相连

（3）两状态开关。两状态开关（Two State Switch）组件可输出手动控制的两状态实数型或整数型数值（开关量），如图 2-117 所示。为了实现对这一组件的交互控制，用户必须把它与"Control Panel"用户界面相连，如图 2-118 所示。

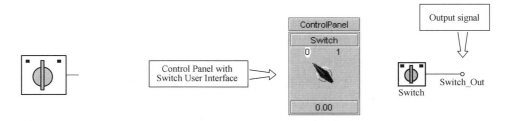

图 2-117　两状态开关组件　　　　　　　　图 2-118　与用户界面相连

（4）旋转开关。旋转开关［Rotary Switch（Dial）］组件输出手动可调的实数型数据，包括 1～10 共十种常态，如图 2-119 所示。为了实现对这一组件的交互控制，用户必须把它与"Control Panel"用户界面相联，如图 2-120 所示。

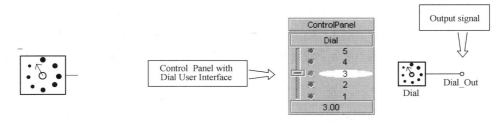

图 2-119　旋转开关组件　　　　　　　　图 2-120　与用户界面相连

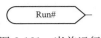

图 2-121　当前运行
编号组件

（5）当前运行编号。当前运行编号（Current Run Number）组件专用于 PSCAD 的"Multiple Run"特性，给出当前运行的编号，如图 2-121 所示，此值可用于"Multiple Run"研究组件和控制系统的直接输入。此组件可以和"Total Number of Multiple Runs"组件一起使用。

（6）多路运行。多路运行（Multiple Run）组件用来控制多路运行，控制变量从一路运行转入下一路，如图 2-122 所示。所控制的变量是组件的输出（最多六个输出），可以与其他任何 PSCAD 组件相连。本组件对每一运行最多可记录六路数据。

本组件有以下输入和输出：

1）Meas-Enab：用于开通（1）或中断（0）通道记录功能。

2）Ch. 1，Ch. 2，…，Ch. 6：要记录的信号输入。

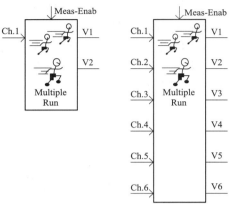

图 2-122　多路运行组件

3）Vl，V2，…，V6：组件控制的输出变量。

4）输入信号和输出信号的值可以保存在多路运行输出文件中。对每一个信号都可以自动进行处理（如求最大和最小）。

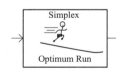

图 2-123　最优运行组件

（7）最优运行。最优运行（Optimum Run）组件可以看作另一类型的多路运行元件，类似"Multiple Run"组件。最大的不同就是本组件寻求（或接近）了最优化参数设计，如图 2-123 所示。优化运行的方法可以极大地减少运行数量来节省大量时间，还可以提高精度。

有以下优化算法可供选择：

1）黄金分割：适合优化单一的实数型变量。黄金分割点在简单几何图形中使用距离比例时经常用到。

2）单纯形：适合优化数个（最多 20）实数型变量。本方法是沿着可视化实体的边缘寻找最优解。

3）Hook-Jeeves（模式搜索法）：适合千数个实数型变量的优化。

4）遗传算法：适合于优化数个实数型/整数型/逻辑型变量。是一种适应性随机优化算法，包括搜索和优化。

不管选用哪种优化算法，都需要用户定义一个目标函数作为输入信号。根据这个函数的值，优化算法将会为每一次运行确定一个新的输出参数，从而比较目标函数值与输入偏差之间的误差。如果目标函数值低于规定的偏差，则多路运行停止。输出信号是一数组，其维数由组件内部定义。

8. 故障与断路器

（1）三相断路器。三相断路器（Three-Phase Breaker）组件用于模拟三相断路器的运行，在其初始状态里需指定闭合和关断阻抗值，如图 2-124 所示。本组件通过一个命名的输

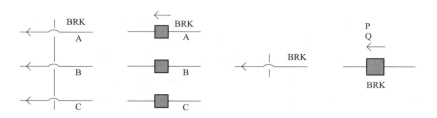

图 2-124　三相断路器组件

入信号（默认为 BRK）进行控制。这里，开关的逻辑是：

$$0 = \mathrm{ON(closed)}$$
$$1 = \mathrm{OFF(open)}$$

三相开关的运行与单相开关的运行并无不同。可使用"Timed Breaker Logic"组件或"Sequencer"组件对开关进行自动控制，也可使用在线控制或更复杂的控制策略对开关进行手动控制。

（2）三相故障。三相故障（Three-Phase Fault）组件用于在三相交流电路中生成故障，如图 2-125 所示。故障类型包括线对线和线对中性点，可对每相的故障电流变量进行命名，如果需要，还可以通过输出通道对其进行监测。组件的外部连接便于用户将任何类型的外部故障直接加到故障点上。

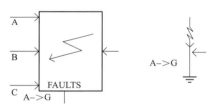

图 2-125　三相故障组件

本组件通过输入信号进行控制，故障逻辑如下：

$$0 = \mathrm{Cleared}$$
$$1 = \mathrm{Faulted}$$

故障类型可以内部指定，或通过使用在线的拨号控制，如下所示：

1）0＝No Fault；

2）1＝Phase A to Ground；

3）2＝Phase B to Ground；

4）3＝Phase C to Ground；

5）4＝Phase AB to Ground；

6）5＝Phase AC to Ground；

7）6＝Phase BC to Ground；

8）7＝Phase ABC to Ground；

9）8＝Phase AB；

10）9＝Phase AC；

11）10＝Phase BC；

12）11＝Phase ABC。

可使用组件"Timed Breaker Logic"或"Sequencer"对本组件进行自动控制。也可使用在线控制或更复杂的控制策略对开关进行手动控制。

9. 控制系统模块

（1）微分延迟。微分延迟（Differential Lag or Forgetting Function）组件模拟了一个惯性环节和一个微分环节的串联组合，如图 2-126 所示。

（2）带时间常数的微分环节。微分函数决定了信号变化的速率，带时间常数的微分环节（Derivative with a Time Constant）如图 2-127 所示。此模块有放大噪声的作用，为了将噪声的干扰降至最小，尤其是在计算步长小而微分时间常数大的情况时，需要增加一个噪声滤波器。

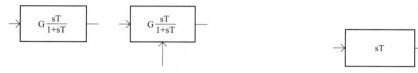

图 2-126　微分延迟组件　　　　　　　　图 2-127　带时间常数的微分环节组件

（3）前导延迟环节。前导延迟环节（Lead-Lag）组件模拟了一个带增益的前导延迟函数，如图 2-128 所示，它的输出可随时由用户重置为指定的值。

（4）实极点。实极点（Real Pole）组件模拟了一个延时或"实极点"函数，如图 2-129 所示，它可随时由用户重置为指定的值。

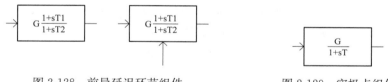

图 2-128　前导延迟环节组件　　　　　　　　图 2-129　实极点组件

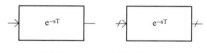

图 2-130　延迟函数组件

（5）延迟函数。延迟函数（Delay Function）模拟了拉氏表达式 e^{-sT}，这里 T 是延迟的时间，s 是拉氏算子，如图 2-130 所示。输入信号置于队列中，随着时间的推进，信号值移入队列尾部并放置到输出上。如果延迟时间大到超过了时间步长 Δt 则队列可能会变得过于庞大。为了避免出现这种情况，采用抽样的方法。在指定的延迟时间中对输入值采样 N 次，只将采样值置于队列中。另外，在满足减少存储空间的前提下，同时还必须保证采样的数量对于保持延迟信号的精度来说是足够的。如果需要，可以采用一个延迟环节来对延迟环节的输出进行滤波，以平滑抽样所造成的阶梯效应。

（6）三角函数。三角函数（Trigonometric Functions）组件实现标准的三角函数功能，如图 2-131 所示。Tan 函数在 $\left(n+\dfrac{1}{2}\right)\pi$ 时奇异，因此应避免输入这些值。而 Arc Sin 和 Arc Cos 要求输入的值域范围为 $[-1.0, +1.0]$，须避免超出此值域。

图 2-131　三角函数组件

（7）脉冲发生器。脉冲发生器（Impulse Generator）用来确定线性控制系统的频率响应，如图 2-132 所示，其可以产生指定频率的脉冲序列。在对控制系统进行分析之前，为了使暂态响应逐渐变弱，需要使用一些脉冲通过控制系统。当然频率可以置零，仅发送一个脉冲给控制系统，即可以观测到频率响应。

（8）通用传递函数。通用传递函数（Generic Transfer Function）由三段直线组成，有两个交点（LI，LO）和（UI，UO），是一分段连续函数，如图 2-133 所示。如果所需多于三段直线，可以采用 XY Transfer Function 组件。

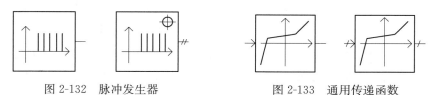

图 2-132　脉冲发生器　　　　　　　图 2-133　通用传递函数

（9）限制函数。限制函数（Limiting Function）或硬性限制器如图 2-134 所示，在输入信号落入其最高和最低限值之内时输出输入信号。如果信号超出了限值，则输出值停留在限值上。

（10）非线性增益。非线性增益（Non-Linear Gain）组件用以强化或弱化大的信号波动，如图 2-135 所示。当输入信号在一指定的区域中时，采用"低增益"，如果输入信号离开这一区域，则给以"高增益"。此传递函数是连续的，因此信号在从一个增益变为另一个增益时，不会出现跳变。

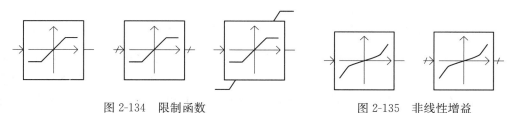

图 2-134　限制函数　　　　　　　　图 2-135　非线性增益

（11）单输入比较器。单输入比较器（Single Input Comparator）组件输出两个值，其值取决于输入信号是高于还是低于输入的门槛值，如图 2-136 所示。如果允许插值，则可输出由器件生成的插值信息（即输入信号刚好过门槛值的确切时间点）。运用了插值后，本组件甚至在较大的时间步长时仍能保持精度不变。

（12）下降斜坡函数。下降斜坡函数（Down Ramp Transfer Function）组件随着输入信号的增大将其输出依据斜坡规律从指定值降到零，如图 2-137 所示。斜坡开始点和终点需指定。

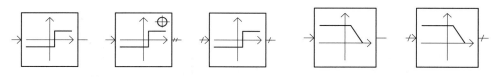

图 2-136　单输入比较器　　　　　　图 2-137　下降斜坡函数组件

（13）比率限制函数。比率限制器函数（Rate Limiting Function）在输入信号的变化率不超过指定的限值时，输出输入信号。如果变化的比率超出了限值，则输出将超前或落后于输入，以确保变化的比率在限定的范围内，如图 2-138 所示。

（14）上升斜坡函数。上升斜坡函数（Up Ramp Transfer Function）组件随着输入信号的增大将其输出按斜坡规律从 0 增加到指定的值，如图 2-139 所示。开始爬坡和结束爬坡的输入点需提前指定。

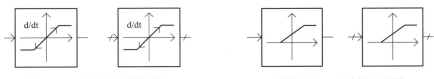

图 2-138   比率限制器函数   图 2-139   上升斜坡函数

（15）信号发生器。信号发生器（Signal Generator）可以输出三角波或者方波，占空比可以改变以调整输出波的形状，如图 2-140 所示。在生成方波时若采用了插值法，当输出变化时，组件将会把生成的插值信息输出。

（16）边缘检测器。边缘检测器（Edge Detector）组件将当前输入与前一步长的输入进行比较，输出结果取决于当前输入是高于、等于还是低于前一步长的输入，如图 2-141 所示。如果输入在步长内发生了变化，组件就成了边缘检测器。如果输入是连续，则组件就成了斜率探测器。需要注意的是，输出结果是通过提前填写选项卡指定的。

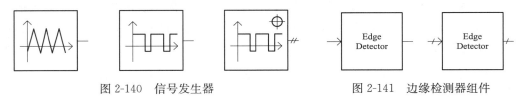

图 2-140   信号发生器   图 2-141   边缘检测器组件

（17）二阶带增益的复极点。二阶带增益的复极点（2nd Order Complex Pole with Gain）组件有 6 种二阶滤波器：低通、中通、高通、高阻、中阻、低阻，如图 2-142 所示。低于特性频率的定义为低频，在特性频率附近的定义为中频，高于的定义为高频。函数 7 型、8 型和 9 型需要对通过频率的上半部分有 180° 的相移，它们分别与 4、5 和 6 相似。滤波器的类型由输入参数 "Function Code" 所决定，它的下列菜单有 1～9 可供选择。

（18）定时器。如果输入信号 F 低于定时器的触发门槛值，一段延时后，定时器（Timer）的输出等于 ON 的值，此值会输出 "Duration ON"。此后，只要输入 F 低于定时器的触发门槛值，输出依然保持 ON 的值。若输入 F 高于定时器的触发门槛值，则输出 Off 的值，如图 2-143 所示。

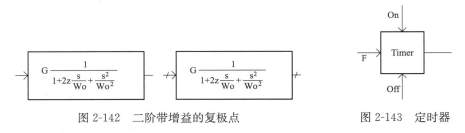

图 2-142   二阶带增益的复极点   图 2-143   定时器

（19）范围比较器。范围比较器（Range Comparator）组件能确定输入信号位于三个区域中的哪一个，然后输出与此区域对应的值，如图 2-144 所示。这三个区域是通过定义下限和上限来确定的。第一个区域低于限值，第二个区域位于两个限值之间（包括限值点），第三个区域高于上限值。

如果第一区域和第三区域生成的值相同，则此组件就成了带宽探测器，其输入若在两个限值之间输出一个值，输入在限值之外输出另一个值。

（20）浪涌发生器。浪涌发生器（Surge Generator）组件生成一个浪涌波形，如图 2-145 所示。波形由四个输入参数确定，分别是 "start of the up slope" "end of the up slope" "start of the down slope" 和 "end of the down slope"。在 "start of the up slope" 之前输出为 0，在 "end of the up slope" 和 "start of the down slope" 之间输出峰值。

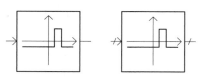

图 2-144　范围比较器

图 2-145　浪涌发生器

（21）两输入比较器。两输入比较器（Two Input Comparator）组件比较两个输入，如果其中一个信号与另一个相交，则输出一个脉冲，如果一个信号高于另一个，则输出一个水平输出，具体输出取决于指定的输出类型，如图 2-146 所示。如果应用了插值法，则本组件会生成插值信息（即两个信号相交的确切时间）并输出。此时，本组件对较大的时间步长仍能保持精度不变。

（22）PI 控制器。PI 控制器（PI Controller）组件实现了比例积分的功能（即输出是输入信号比例和积分增益的和），如图 2-147 所示。积分功能的时域计算采用的是梯形或矩形积分。在选择了 "Integration Method/ Rectangular" 之后，可能会使用插值法。若使用了插值法，则对指定的时间步长计算积分时，会将插值时间和信号极性都考虑在内。

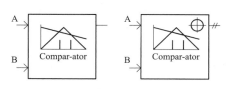

图 2-146　两输入比较器

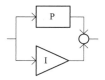

图 2-147　PI 控制器组件

（23）积分器。积分器（Integrator）组件是无饱和限值可重置的积分器，如图 2-148 所示。它是控制系统功能的基本构成模块之一，可以使用梯形或者矩形积分方法来求解。通过在输入 "Clear" 处填入一个非零整数，可将积分器的输出置为定义的非零整数值。如果时间常数的绝对值小于 $10 \sim 20$，则将其定义为默认值 1.0。

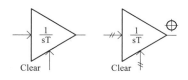

图 2-148　积分器

（24）幅值、频率和相位调制功能。幅值、频率和相位调制功能（AM/FM/PM Function）组件有三个输入：频率（Freq）、相位（Phase）和幅值（Mag）。Freq 与时间结合，然后规格化为 $-2\pi \sim +2\pi$ 之间的某值。Phase 与之相加，其和作为 Sine 或 Cosine 函数的自变量。最终的结果乘以 Mag，最后予以输出，如图 2-149 所示。

（25）计数器。计数器（Counter）组件在收到正的输入时，可以改变自身的状态到相邻的较高状态。当输入负值时，它改变自身状态到相邻的较低状态，如图 2-150 所示。通常增加或减小的输出为 1。

图 2-149　幅值、频率和相位调制功能组件　　　　图 2-150　计数器组件

（26）两输入选择器。两输入选择器（Two Input Selector）组件的输出或为 A 路，或为 B 路，取决于 Ctrl 的值，如图 2-151 所示。

（27）插值采样器。插值采样器（Interpolating Sampler）组件对输入的连续信号进行离散采样，并保持输出直至下一个采样点，如图 2-152 所示。采样由指定的采样频率触发（或输入脉冲序列触发）。

对于外来脉冲所触发的采样，对于非插值脉冲，输入是标量，而对于插值脉冲，输入是一个两元素的数组。

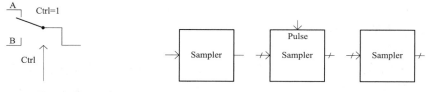

图 2-151　两输入选择器组件　　　　图 2-152　插值采样器组件

（28）异或相位差。异或相位差（XOR Phase Difference）组件计算两个时变的输入信号 A 和 B 的异或相位差，如图 2-153 所示。当两个输入符号相反时，它将有一个非零输出。信号的平均值为两个输入信号之间的相位差。为了使得结果有意义，输出必须是在 $-1 \sim +1$ 之间平滑地变化。结果乘以 $180°$ 就是角度输出。

（29）电压控制振荡器。电压控制振荡器（Voltage Controlled Oscillator）组件生成一个斜坡输出 theta，它的变化率正比于输入电压 U_c 的幅值，如图 2-154 所示。

图 2-153　异或相位差组件　　　　图 2-154　电压控制振荡器组件

输出斜坡限制在 $(-2, 2)$，一旦结果达到 2（或 -2），将重置为 0.0。输出 cos(th) 和 sin(th) 基于 th 值分别输出 cosine 和 sine 函数值。

（30）锁相环。锁相环（Three-Phase PI-Controlled Phase Locked Loop）组件生成一个从 $0°$ 变化到 $360°$ 的斜坡信号 theta，相位与输入电压 Ua 同步或锁相。当输出数量为 1 时，输出的是 Va 的相位，当输出数量为 6 时，theta 的第一个元素为 Va 的相位，第二个元素代表的相位与第一个相差 $60°$；当输出数量选择为 12 时，两个相邻元素间相差 $30°$，如图 2-155 所示。

（31）变频锯齿波发生器。变频锯齿波发生器（Variable Frequency Sawtooth Generator）组件生成一个锯齿波，其频率可以与输入频率信号的幅值成比例变化，如图 2-156 所示。

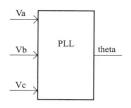

图 2-155　锁相环组件

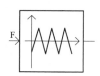

图 2-156　变频锯齿波发生器组件

（32）谐波畸变计算器。谐波畸变计算器（Harmon ic Distortion Calculator），如图 2-157 所示。该组件可以计算输入信号全部谐波或单个谐波的畸变程度。

这里 N 由输入参数"Number of Harmonics"所给定。

本组件可以用来对组件"On-Line Frequency Scanner(FFT)"进行优化设计。

（33）N 阶传递函数。N 阶传递函数（Nth Order Transfer Function）组件模拟了一个高阶传递函数，解法基于状态变量，如图 2-158 所示。输入组件的是传递函数的系数和状态变量的初始值。求解可以采用简化的或非简化的梯形法。

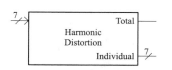

图 2-157　谐波畸变计算器组件

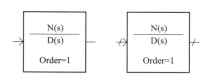

图 2-158　N 阶传递函数组件

（34）N 阶 Butterworth/Chebyshev 滤波器。N 阶 Butterworth/Chebyshev 滤波器（Nth Order Butterworth/Chebyshev Filter）组件模拟了一个变带宽（最多 10 阶）的 Butterworth/Chebyshev 滤波器，如图 2-159 所示。它模拟了标注的低通、带通、高通和带阻 Butterworth/Chebyshev 滤波器。

（35）XY 特性。XY 特性（XY Characteristics）组件实质上是一个分段线性化查找表，XY 的坐标点可以指定，如图 2-160 所示。它可以有不同的用途，包括指定设备特性、作为传递函数或作为信号发生器。

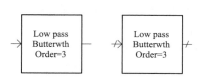

图 2-159　N 阶 Butterworth/Chebyshev 滤波器组件

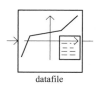

图 2-160　XY 特性

（36）二元条件延迟。二元条件延迟（Binary ON Delay）组件如图 2-161 所示。若输入变高，在经过用户指定的时间后，若输入还保持高位，则输出就变高。如果应用插值法，则组件会将插值信息（即确切的过零点）予以输出。

（37）序列化输出。序列化输出（Sequent ial Output）组件如图 2-162 所示。该组件生成一个输出序列，它由指定点开始，然后按指定的时间间隔和输入的整数变化量递增输出。

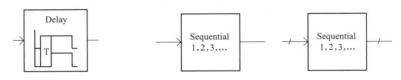

图 2-161　二元条件延迟组件　　　　　图 2-162　序列化输出

（38）随机数发生器。随机数发生器（Random Number Generator）组件生成指定最大和最小范围内的随机数，如图 2-163 所示。

（39）单稳态多频振荡器。单稳态多频振荡器（Monostable Multivibrator）组件是一个二元逻辑、边缘触发的单稳态多频振荡器，如图 2-164 所示。输入正边缘将使输出走高，并维持高位一段时间（脉冲持续时间）。如果在设定的时间结束前，输入再次走高，则再次触发单稳态，并且在新高的正边缘之后维持高位一段时间。

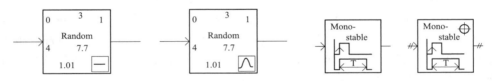

图 2-163　随机数发生器　　　　　图 2-164　单稳态多频振荡器组件

（40）过零点检测器。当输入过零时，过零点检测器（Zero Crossing Detector）组件进行检测，并确定是正过零还是负过零，如图 2-165 所示。具有正的一阶导数的输入过零点生成一个时间步长的"1"输出。具有负的一阶导数的输入过零点生成一个时间步长的"－1"输出。其他时间输出为 0。

（41）定时开/关逻辑转换。定时开/关逻辑转换（Timed ON/OFF Logic Transition）组件模拟了一个标准的二元延迟定时器，如图 2-166 所示。在输出变高之前输入必须变高，并维持了指定的延迟时间。

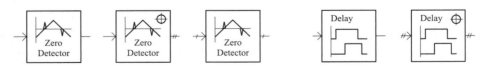

图 2-165　过零点检测器　　　　　图 2-166　定时开/关逻辑转换组件

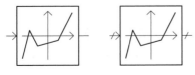

图 2-167　非线性转移特性

（42）非线性转移特性。非线性转移特性（Non-Linear Transfer Characteristic）组件通过直线分段逼近模拟了非线性转移特性，如图 2-167 所示。该模块可设置 N 的数量（$1 \leqslant N \leqslant 10$），该模块表示 X 的参数从 X_1 增加 X_N。这两点之间的输出由两点之间的插值所决定。

小于 X_1 或大于 X_N 的输出，由临近这两点的直线的延长线所确定。

（43）二阶传递函数。二阶传递函数（2nd Order Transfer Functions）组件可以实现高通、中通、低通、低阻、中阻、高阻 6 种二阶传递函数，如图 2-168 所示。低于特性频率的定义为低频，在特性频率附近的定义为中频，高于的定义为高频。根据用户选择的频率指定不同的传递函数。

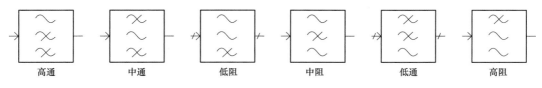

图 2-168 二阶传递函数

（44）ABC 到 DQ0 的转换。ABC 到 DQ0 的转换（ABC to DQ0 Transformation）组件实现三相 ABC 到 DQ0 的转换，或者相反的转换，如图 2-169 所示。

（45）采样保持器。采样保持器（Sample and Hold）如图 2-170 所示，当 hold 为 0 时，输入 in 直接输出。当 hold 为 1 时，输出保持在它的上一个输出状态上。当有两个 hold 输入时，两个信号都必须为 1 才能使得输出保持。

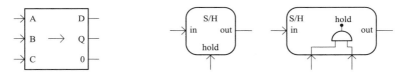

图 2-169 ABC 到 DQ0 的转换组件   图 2-170 采样保持器

（46）极坐标/直角坐标转换器。极坐标/直角坐标转换器（Polar/Rectangular Coordinate Converter）组件将直角坐标转化为极坐标，如图 2-171 所示。

（47）6 通道解码器。6 通道解码器（6-Cbannel Decoder）如图 2-172 所示，本组件将信号由输入"Data"转换到 6 个输出通道之一。输入"Select"的值与组件输入参数"Select Number for Channel"相比较，如果"Select"等于其中之一，则"Data"的值就输出到对应的通道去。

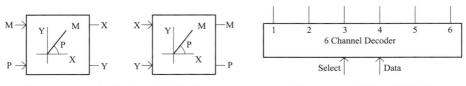

图 2-171 极坐标/直角坐标转换器组件   图 2-172 6 通道解码器组件

（48）12 通道多路适配器。12 通道多路适配器（12 Channel Multiplexor）组件是一数字开关，如图 2-173 所示。它将编码数据源的某一路数据与输出相连，输出是 12 个元素的数组。"Select"指定"Data"输出到数组的某个元素中。例如，与"Select"相联的信号是 5，则输出数组的第 5 个元素与输入数据相等。输出数组的其他元素为 0。

（49）xyz 特性。xyz 特性（xyz Characteristics）组件基于输入 x 和 y 的值，输出 z 的值，如图 2-174 所示。它与"XY Characteristics"组件类似，然而采样点（x，y，z）需由外部文件输入。输出 z 可以等于最近的采样点的值，也可以是双线性插值得到的值，本组件可以应用于指定设备特性，作为传递函数或者作为信号发生器等。

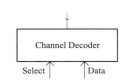

图 2-173　12 通道多路适配器组件

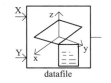

图 2-174　xyz 特性组件

10. 信号传递

（1）导入。导入（Import）组件将数据信号从父模块传递至子模块，如图 2-175 所示。将本组件置于需要信号的模块中，其输入参数"Signal Name"与模块定义中的输入"Connection"相一致。

（2）导出。导出（Export）组件将数据信号从子模块传递至父模块，如图 2-176 所示。将本组件置于需要信号的模块中，其输入参数"Signal Name"与模块定义中的输入"Connection"相一致。

图 2-175　导入组件　　　　图 2-176　导出组件

导入、导出定义例程如图 2-177、图 2-178 所示。

图 2-177　导入定义例程　　　　　　　图 2-178　导出定义例程

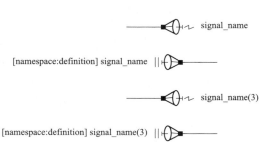

（3）外部电气节点。外部电气节点（External Electrical Node，XNode）组件用于从模块内部指定一个与外部电气系统相连的外部电气连接如图 2-179 所示。其指定的"Signal Name"与模块定义中的电气"Connection"相一致。与标准"Node Label"组件不同，本组件不为节点创立局部命名。

图 2-179　外部电气节点

（4）无线连接。在 PSCAD 中，使用无线连接（Radio Links）组件是一种非正式的创建全局变量的方法，如图 2-180 所示。数据直接输入发送器，然后在工程中的任何位置都可以通过命名相同的接收器接收。

本组件避免了模块之间传递数据使用外部连接组件（即 Import 和 Export）。其允许数据在多个模块之间直接传递。虽然允许数

图 2-180　无线连接组件

据的双向传递（即多个模块水平之间、向上或向下传递），但是需要考虑关于时间步长延迟的问题。无线连接定义例程如图 2-181 所示。

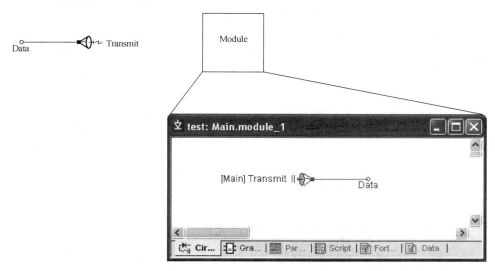

图 2-181　无线连接定义例程

使用无线连接需注意以下几点：

1）每一个全局变量只能由一个发射器所定义。

2）每一个全局变量都能有 0 到 n 个接收器。

3）所有的全局变量都是实数型的，如果需要传递整数型变量，可以在任一终点对其行转换，不会产生信息损失。

4）发送器不能直接连接到由接收器创建的输出信号上。

11. 逻辑运算模块

（1）多输入逻辑门。多输入逻辑门（Multiple Input Logic Gates）组件模拟了标准的二进制逻辑门，如图 2-182 所示。非零值为逻辑真，零值为逻辑假。对于本组件，结果若为真则输出为 1；若为假则输出为 0；PSCAD 包括以下逻辑运算：

1）AND：尽在所有的输入都是逻辑真时，输出结果为逻辑真。

2）OR：任何一个输入为真则输出结果为逻辑真。

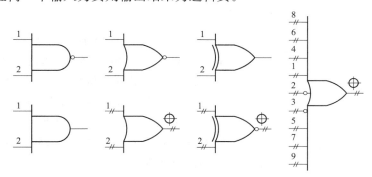

图 2-182　多输入逻辑门组件

3）XOR：XOR 由 Fortran 的逻辑运算符 non-equivalence（NEQV）所决定。

本组件每个门最多可有 9 个输入，用户反置输入时，输出结果也随之反置。如果使用插值法，插值信息则基于相关的逻辑运算和输入改变的确切时间点，运算后输出。

（2）触发器。触发器（Flip Flop）组件实现四种触发器：JK、SR、D 和 T，如图 2-183 所示。输出状态的改变方式取决于时钟输入 C 的值。如果 C 选择的是下降沿，则输出仅在时钟脉冲的下降沿处发生改变；同样地，如果选择上升沿，则输出状态仅在时钟脉冲的上升沿发生改变。

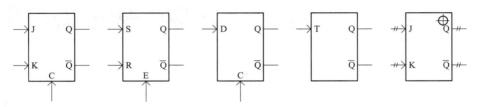

图 2-183　触发器组件

（3）滞后缓冲器。滞后缓冲器（Hysteresis Buffer）组件是将实数信号转变为逻辑信号的理想元件，如图 2-184 所示。其只有在输入信号确实超过组件输入的门槛值时，才实现新逻辑状态的转变，以此方法实现对噪声的过滤。如果输入信号在滞后区域内，在前一步的输出还将继续维持。

（4）4 或 8 通道多重异或。4 或 8 通道多重异或（4 or 8 Channel Multiplexor）组件模拟了 4×1 或 8×1 通道的多重异或器，如图 2-185 所示。输入信号 1 必须是 4 或 8 元素的数组，具体取决于组件输入参数的选择。输入 S 是一个 2 或 3 元素的数组，代表了 2^2 或 2^3 大小的二进制编码，具体也取决于组件输入参数的选择。输出 Y 是输入 I 的某一个元素，结果取决于输入 S 的二进制代码等效十进制数。

图 2-184　滞后缓冲器组件　　　图 2-185　4 或 8 通道多重异或组件

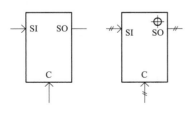

图 2-186　移位寄存器

容相对于右侧都移动一位。

（5）移位寄存器。N 位串入/串出移位寄存器（Shift Register）由 N 个 D 型触发器级连而成。图 2-186、图 2-187 所示的是由 D 型触发器构成的 4 位移位寄存器，其每一个触发器的输出 Q 作为下一个触发器的输入与 D 相连。

为了将记录从一个模块转移到下一模块，触发器采用统一的时钟脉冲 C。时钟脉冲输入协调串入 SI 进入最左侧触发器，串出 SO 输出最右侧触发器。所有寄存器中的内

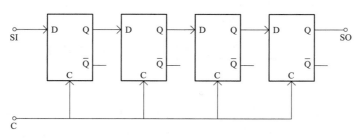

图 2-187　由 D 型触发器构成的 4 位移位寄存器

　　寄存器状态的改变取决于 C 值。如果 C 选择的是下降沿，则输出的状态仅在时钟的下降沿处发生改变。如果选择的是上升沿，则输出的状态仅在时钟的上升沿处发生改变。

第 3 章　用户模型自定义与接口

PSCAD 可以进行自定义模块设计，通过此功能用户可以从简单的模块开发复杂的模型，且复杂程度只受使用者的技能和学科知识的限制。若自定义模型要在 EMTDC 中进行求解，该模块首先必须作为 PSCAD 的一个组成部分被添加，作为一个组件模型的图形表示，允许用户提供输入参数，对输入数据进行预先计算，并更改组件的外观。

EMTDC 用户可以很容易地建立自己的模型，并且为所有的主程序变量和存储元素提供一个固有的接口，通过这个接口用户可以直接访问存储区间。

本章讨论用户使用 PSCAD 自定义组件进行自定义设计时的各种功能和可用的工具。但是需要指出的是，元件模型被定义好后需要通过 Script 进行关联，Script 的编制也是应用自定义模型的一个重要环节。

3.1　用户模型自定义基本操作

3.1.1　设计编辑器

在第二版 PSCAD 中，通过一个文本文件对用户组件进行设计和编辑。在第三版 PSCAD 中，通过组件工作区（CWS）的工具完成组件设计。组件工作区被编辑组件定义调用且包含图形设计、对话窗口和代码部分。在第四版 PSCAD 中，组件设计与第三版非常类似，但没有使用组件工作区作为一个单独的工具。目前，在设计编辑器中，用户可以方便地直接编辑组件定义。

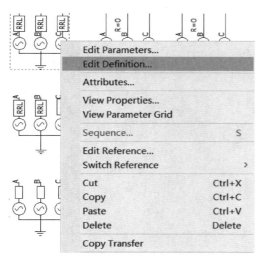

图 3-1　组件或模块定义的启用

在窗口的底部，设计编辑器包括一个标签栏，包括快捷获取当前项目有关信息的标签，三个标签代表组件的定义三个部分，并且当用户编辑一个特定的组件定义时启用，它们分别是：

（1）图表；

（2）参数；

（3）脚本。

3.1.2　编辑组件或模块定义

要编辑任何组件或模块的定义（即启用相关标签），在组件上单击右键并从弹出菜单选择 Edit Definition... 项，如图 3-1 所示。

用户不能直接编辑主库的组件，应当重新命名"master. ps1"文件之后才可编辑。

3.1.3　返回电路视图

退出组件定义部分，在工具栏上方单击 Back 按钮，返回电路视图如图 3-2 所示。在图形部分按下 Backspace 键也可返回电路视图。

3.1.4　图形区

图 3-2　返回电路视图

组件的图形非常重要，因为它能将模型直观地呈现给 PSCAD 用户。在 Graphic 的设计环境中可以添加、移除图形的组件对象、文本标签和连接。此外，元件的外观可以根据指定的条件语句而进行更改。

图形区始终是默认窗口打开后，进入组件定义进行编辑。如果不能确定是否在设计编辑器图形区，需观察设计编辑器窗口底部图表标签是否处在激活状态，如果处在激活状态，标签栏显示如图 3-3 所示。

图 3-3　激活状态的图表标签

1. 导航与缩放

（1）滚动条。在设计编辑器中，分别位于打开窗口最右侧和最底层边缘的垂直和水平滚动条有效。

（2）箭头键。在图形部分，可以在键盘上使用箭头按钮横向滚动和纵向滚动。

（3）移动（动态滚动）模式。通过平移或动态的滚动功能可以滚动图形部分，也可以通过下面的方法调用平移模式：

1）按 Ctrl 和 Shift 键，在页面的空白部分，单击并按住鼠标左键，通过移动鼠标便可以平移页面。

2）通过工具栏的 Pan 按钮调用平移模式。如果处在平移模式，鼠标指针将变成一个手的形状，按 ESC 键取消平移模式。

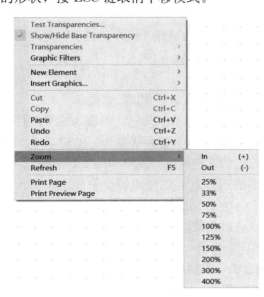

图 3-4　缩放选择

（4）缩放。

1）在主菜单选择 View/Zoom 项，然后可以选择 in、Out 或指定的缩放百分比。

2）在主工具栏选择 Zoom In 或 Zoom Out 按钮，或直接从 Zoom In/Out 下拉列表中选择一个百分比缩放。

用鼠标右键单击页面的空白部分并选择 Zoom /In 项或 Zoom/Out 项，如图 3-4 所示。

2. 图形对象

PSCAD 提供了如图 3-5 所示的直线、矩形、椭圆形、1/4 弧、1/2 弧五种类型图形对象，为满足组件的图形需要，对象属性是可以改变的。一个好的图形设计，可以让使用者了解组件及其主要功能。

3. 新建并连接图形对象

（1）添加图形对象。为组件定义添加一个图形对象，最直接的方法是使用图形工具，如图 3-6 所示。

图 3-5　图形对象

图 3-6　图形工具

另一种方法是使用右键菜单：移动鼠标指针到图形窗口的空白区域，单击鼠标右键并选择 New Element 项，如图 3-7 所示。

旋转、翻转、镜像或调整图形对象。图形对象被放置在图形窗口，就可以旋转、翻转、镜像或调整大小。左键单击对象鼠标变成"手"即可调整，如图 3-8 所示。

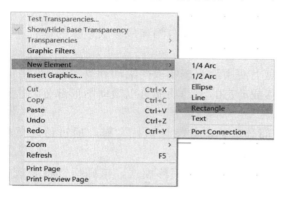

图 3-7　图形对象菜单

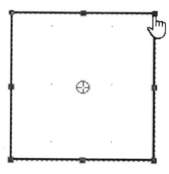

图 3-8　调整对象

将鼠标指针放在选定的"手"上，按住鼠标左键，并移动鼠标。拐角的"手"允许在两个方向上改变大小，中点"手"只允许在水平或垂直方向运动。

旋转、翻转或镜像可以通过以下方法完成。

图 3-9　翻转按钮

第一是利用旋转工具栏的翻转按钮完成，如图 3-9 所示。

第二是如果不能看到这个如图 3-9 所示工具栏，则进入主菜单栏并选择 View/Rotation Bar 项。也可以使用右键弹出菜单：右键单击对象并选择 Rotate 项，选择一个给定的选项，旋转菜单如图 3-10 所示。

作为对右键菜单和工具栏的选择，可以使用键盘快捷键 Ctrl＋r、Ctrl＋f 和 Ctrl＋m（或 r、f 和 m）分别旋转、翻转和镜像。

（2）更改图形对象的属性。图形对象属性可以通过调整如图 3-11 所示图形对象属性对话框来更改，右键单击对象并选择 Properties... 项。

1）颜色：选择颜色，弹出如图 3-12 所示的调色板，左键单击颜色按钮来改变线路对象的颜色。如果对象是一个矩形或椭圆，这将改变边界颜色。如果选择 By Node Type 项，与对象关联的节点类型将决定线路颜色。

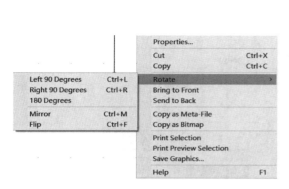

图 3-10　旋转菜单　　　　　　　图 3-11　图形对象属性对话框

2）粗细：选择粗细，弹出如图 3-13 所示的调色板，左键单击粗细按钮来改变线路对象的粗细。如果对象是一个矩形或椭圆，这将改变边界粗细。如果选择 By Node Type 项，与对象关联的节点类型将决定线路粗细。

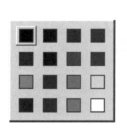

图 3-12　调色板

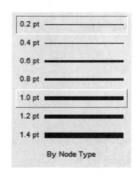

图 3-13　粗细调色板

3）样式：选择样式，弹出如图 3-14 所示的样式调色板，左键单击样式按钮来改变线路对象的样式。如果对象是一个矩形或椭圆，这将改变边界样式。如果选择 By Node Type 项，与对象关联的节点类型将决定线路样式。

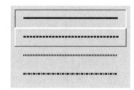

图 3-14　样式调色板

4）填充：选择填充，弹出如图 3-15 所示的填充调色板。鼠标是指针时，无论是 Solid Fill 或 Pattern 按钮，左键单击向下箭头，都会弹出各自小调色板。

（3）条件与连接。

1）条件：输入一个条件语句，以确定在什么条件下输入对象是可见的。

2）连接：输入一个连接名称，在进行代码编写时需要用到这个连接引脚的名称作为输入/输出的变量。

除了图形对象格式对话框，可以直接用左键单击选择对象，从图形调色板更改线型、边框颜色、粗细和风格以及填充属性，对象属性如图 3-16 所示。

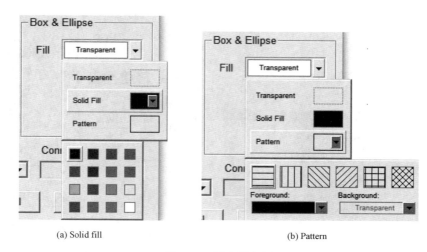

(a) Solid fill (b) Pattern

图 3-15 填充调色板

（4）更改圆弧对象属性。弧形是一个特殊类型的图形对象，圆弧对象属性可以通过 Format Arc 对话窗口设置，如图 3-17 所示。右键单击弧对象并选择 Properties 菜单，可以调出圆弧对象属性对话框。

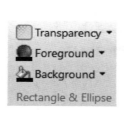

图 3-16 对象属性

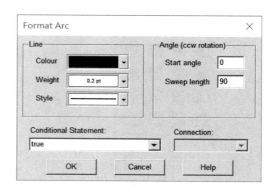

图 3-17 圆弧对象属性

1）角（逆时针旋转）。

①开始角度：输入弧线的起始角度，这个角度是基于标准四象限体系的。

②扫描长度：输入弧线扫描的角度。

2）连接。

①可视连接：输入一个条件语句，以确定在什么条件下输入弧线是可见的。

②连接：输入一个连接名称，该名称作为功能函数的输入/输出变量。

（5）文本标签。通过使用文本标签对象，可以在图形组件添加文本，并且用户可以选择对齐方式和大小。

1）添加文字标签。要添加文本标签对象到用户的组件定义，最直接的方法是调用图形调色板，如图 3-18 所示。在工具栏上用鼠标左键单击 New Text Label 按钮，拖动标签到目标地点，再次单击左键。另一种方法是使用右键菜单：移动鼠标指针到图形窗口中空白区

域，单击右键并选择 New Graphic/Text 菜单。文
本标签将会随鼠标指针出现，移动标签到目标地
点，单击左键放置对象。

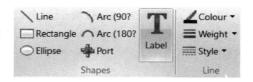

图 3-18　文本标签

2）更改文本标签属性。文本标签属性可以通
过 Format Text Label 对话窗口调整，如图 3-19
所示，也可右键单击文本标签，并选择 Properties 菜单。

①文本（Text）：输入文本。

②大小（Size）：为文本选择 Small、Medium 或 Large 文字大小。

③队列（Alignment）：选择 Left、Centre 或 Right 调整文本。

④可视条件（Visibility Condition）：输入一个条件语句，以确定在什么条件下，输入对
象是可视的。

3）链接一个文本标签到输入区域。同一定义条件下，链接一个文本标签到一个特定的
输入参数。一旦链接，文本标签可用于图形显示参数值。输入与参数相关的名称"符号"到
文本标签，如果使用前缀"$"，仅仅是链接输入域的数值会显示。如果使用"％"前缀，
无论是数值和指定的单位都会被显示。下面的例子说明如何链接到一个输入字段。

（6）连接用于提供接口到其他组件或外部系统。它们提供了在每个仿真时间步长读取数
据或输出数据到外部。在 PSCAD 中，这些节点在电路建模中发挥重要的作用，并且是图形
信号模型之间的沟通渠道。

1）添加连接。要添加一个连接对象到组件定义，最直接的方法是使用图形工具栏，如
图 3-20 所示。

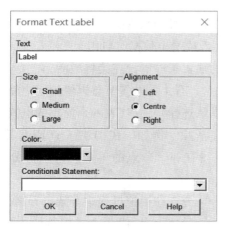

图 3-19　文本标签属性

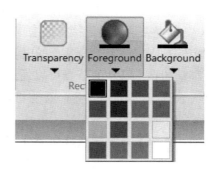

图 3-20　图形调色板

单击 New Connection 按钮，拖动连接到目标地点，另一种方法是使用右键菜单，在图
形窗口的空白区域，右键单击并选择 New Element 菜单，如图 3-21 所示。

2）更改连接属性。连接属性可以通过 Format Connection 对话窗口调整，如图 3-22 所
示，或者右键单击连接并选择 Properties 菜单。

①符号：输入连接的名称，此名称必须与标准的 Fortran 命名公约兼容。

②维数：如果这个连接携带一个被定义为标准 Fortran 数组的信号，这里输入数组信号维数。例如，如果连接"N1"被定义为"REALN1（3）"，那么这个字段应该被指定为 3。

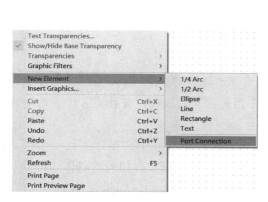

图 3-21   建立连接的右键菜单   图 3-22   连接属性对话框

③连接类型：选择 Input Data，Output Data 或 Electrical Node 项。如果此连接是部分 EMTDC 动态系统（即一个控制信号），那么必须选择输入或输出数据（输入的数据信号即将进入或正在被组件接受）。只有当此链接是电路的一部分时，选择电气节点。

④节点类型：选择 Fixed，Removable，Switched or Ground 项，此参数只有当连接类型是一个电气节点时启用。

⑤数据类型：选择 Integer or Real 项，确定链接信号的数据类型，数据类型是基于标准的 Fortran 整数或实数说明，只有当连接类型是输入或输出数据时启用。

⑥激活连接：输入一个条件语句确定在怎样的输入条件下，连接将激活。

3）电气节点类型。当连接被选中作为电气节点，有 4 种电气节点提供给用户使用。

①固定的：固定节点是最常见的电气节点（默认选择），它代表一个简单的电气节点。

②可移动的：可移动的节点可以通过 PSCAD 清除。例如，在构建一个 RLC 串联的多元件分支时选择 Removable 项，就能将其简化成只有一个节点的单个元素阻抗分支（Z），有效地消除两个额外的节点。

③转换：如果节点是频繁地切换分支的一部分，分支在模拟过程中等效电导需要变化多次（晶闸管，GTO 等），那么这个选项应该被选择。包括在最优节点排序算法中的交换节点，使矩阵分解更有效率，从而加快了模拟过程。

④接地：如果节点是一个地面节点，选择此选项。

4. 保存和重新加载图形

若要保存更改，需退出组件定义（回到电路窗口）。通过在工作区右键单击项目名称并选择 save 项，保存该项目。

如果需要，通过按 Reload Graphics 键，可以重新加载图形。

5. 调整图形页面大小

为了适应非常大的图形组件，可以改变图形大小。移动鼠标至图表窗口空白区域，右键单击并选择 Zoom 菜单，调整图形页面大小菜单如图 3-23 所示。

3.1.5　参数部分

参数部分是用户界面设计的重要组成部分，通过使用分类可编程对话框窗口完成。用户可以从模型输入参数去更改外观，一旦该分类窗口设计完成，则只有部分用户可以访问。如果不能确定是否在设计编辑器页面，可以查看水平标签栏的指示，则启用参数部分如图 3-24 所示，如果参数部分未启用，单击 Parameters 项。

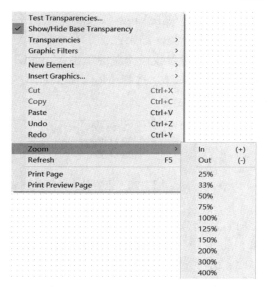

图 3-23　调整图形页面大小菜单

图 3-24　启用参数部分

1. 类别（分类排列）

参数部分分类排列就像书页，每页包含与输入有关的功能，用户可以在这些页面中放置三种不同类型的输入域，这些输入域包括：文本域；输入区域；选择框。

（1）添加新的分类。要为组件定义添加一个新的分类页面，最直接的方法是使用参数工具栏，如图 3-25 所示。

同样可以使用右键菜单，并选择 New Category 菜单，如图 3-26 所示。在这两种情况下，将出现属性栏，如图 3-27 所示。在命名区域，为分类页面选择一个描述性名称，如果需要，可以在 Enabled When 项添加一个条件语句，按 OK 按钮，一个新的类别页面将出现在参数区域显示窗口。

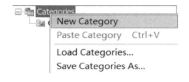

图 3-25　参数工具栏　　　　　　　　　　图 3-26　创建分类页面菜单

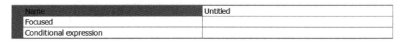

图 3-27　属性栏

（2）查看分类。如上所述，分类排列就像书中的书页，最直接的查看方法是使用参数栏，用鼠标左键单击 View Category 项的下拉箭头，下拉列表如图 3-28 所示。

（3）排列分类。如果添加了一个新的类别，有可能需要重新排列类别页面的顺序，最简单的方法是使用参数栏。左键单击 Move Up 或 Move Down 按钮，若要将某一分类页面直接排列到顶部或底部，选择 Move Category To Top 或 Move Category To Bottom 按钮，如图 3-29 所示。

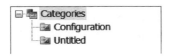

图 3-28　查看分类的下拉列表　　　　　图 3-29　排列分类

（4）预览分类。预览分类最简单的方法是使用参数栏，左键单击 Preview Dialog 按钮，如图 3-30 所示。

（5）改变类别的属性。改变类别属性可以通过调整类别属性对话窗口。最简单的方法是应用参数栏，左键单击 Category Properties 按钮，如图 3-31 所示。

操作过程弹出分类属性对话框，如图 3-32 所示。分类页面显示输入的描述性名称。

图 3-30　参数栏

图 3-31　类别属性　　　　　　　图 3-32　分类属性对话框

（6）复制类别。复制类别将确保所有输入域、文本域和选择框作为复制范畴，以同样的方式排列。在布局设计时，这样可以节省时间。复制类别最简单的方式是单击想要复制的类别，并同时按住键盘上的 Ctrl＋C 键。

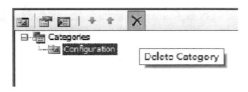

图 3-33　删除类别

（7）删除类别。要删除一个特定类别的页面，首先确保是在编辑器的设计参数部分，且脚本窗口有开放的部分。最直接的方法是应用参数工具栏，左键单击 Delete Category 按钮，如图 3-33 所示。

2. 文本框（补充描述）

文本框主要用于补充描述。

（1）添加文本框。添加文本框最简单的方法是在顶端菜单栏中的 Components 项中，直接单击 Sticky Notes 项，如图 3-34 所示，即可在画布中添加一个文本框。

图 3-34　添加文本框

（2）更改文本框属性。在添加完文本框之后，可以通过右键文本框，并选择 Edit Properties 项来修改文本框的属性，如图 3-35 所示。

（3）编辑文本框。修改完相关属性之后，用鼠标左键双击文本框来进行编辑。需要注意的是 PSCAD 并不能识别中文，在输入中文之后文字会变成"????"，所以文本框中只能输入英文来进行备注。

3. 查找符号（搜索功能）

参数部分包括一个在所有类别页面查找参数符号名称的搜索功能。要调用此功能最直接的方法是使用顶部工具栏，在 Home 选项卡中左键单击 Search 项，如图 3-36 所示。

操作过程中，将出现如图 3-37 所示的查找符号对话框。

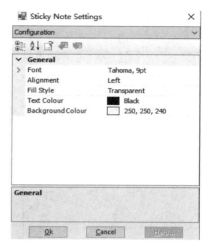

图 3-35　修改文本框属性

图 3-36　查找符号

图 3-37　查找符号对话框

输入要查找的（不要输入标题或任何其他文本）文本区域、输入区域或选择框的符号名称并按 Search 按钮。如果类别页面中存在符号名称，鼠标将自动指向那个类别，且相应的领域将被选择（"抓取"）。

3.1.6　条件语句、层

（1）条件语句。在前文的介绍当中，如图 3-27 所示，有一个名为 Conditional Statement 的参数输入域。在这些域中，用户可添加表达式以根据由该表达式确定的逻辑来禁止/启用对象（例如某个输入域），或者显示/隐藏对象（例如某个图形对象）。需要注意的是，该条件表达式为 True 时，图形对象是显示的，反之隐藏；而输入域是被使能的，反之禁止。

用户可通过使用算术或逻辑运算符来构建条件表达式，其中的条件变量通常都来自列表选择输入参数的值。通过条件表达式，元件实例的外观和行为将各不相同，并且可由用户控制。

条件表达式不限于使用单一的逻辑真式，在一个表达式内使用多个逻辑条件，例如：（Type＝0）&&（Type2＝＝3）；也可在条件表达式内使用算术运算符，例如：（Type＋Type2＝3）。使用除法运算符时需要仔细。

与条件表达式直接相关的特性是 PSCAD 为图形外观设计提供的分层机制。当元件图形外观非常复杂时，使用该机制将极为有效。每一层将唯一基于某个条件表达式，也即当某个唯一的条件表达式输入至某个图形对象或参数输入域时，PSCAD 将立即创建与之相关的绘图层。另一个使用相同条件表达式的图形对象将同样在该特定的层内可见。

（2）查看图层。默认情况下，当调用设计编辑器时，只特定图层的图形可见。

一般来说，用户要查看层，可移动鼠标指针到想要查看的元件位置，按住 Ctrl 并双击鼠标左键，点击底部的 Graphic 项即可查看图层，如图 3-38 所示。

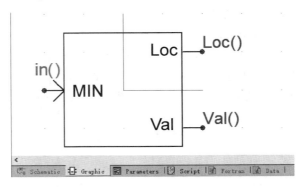

图 3-38　查看图层

选择或取消选择任一层，使其分别可视或不可视，也可以通过鼠标右键空白区域，通过 Transparencies 项选择 Show All 项使所有层都可视。也可以在顶部菜单栏的 Filtering 项中选择 Show/Hide All 项，显示和隐藏所有层，如图 3-39 所示。

图 3-39　显示/隐藏所有层

3.2　用户模型自定义创建示例

用户自定义模型分为元件模型与组件模型，为方便读者自学，本书在本节仅以最简单的自定义模型为例，带读者熟悉自定义模型建立的过程。

3.2.1　组件模型的创建实例

本部分以创建电源组件为例，读者可扫描二维码 3-1 进行学习。

二维码 3-1
组件模型创建实例

3.2.2　元件模型的创建实例

在 3.2.1 中我们已经创建好了一个组件模型，接下来我们仍以电源为例，创建一个电源的用户自定义元件模型，具体创建过程可扫描二维码 3-2 进行学习。

二维码 3-2
元件模型创建实例

3.3　数据级接口实现

软件的发展趋势之一是开放性，即软件应该满足某种协议以方便与其他软件进行接口。EMTDC 经过近 30 年的发展已经具备了较完善的元件模型库和功能，被广泛应用到交直流电力系统研究，电力电子仿真研究以及非线性控制等领域。为方便跨仿真平台使用，PSCAD/EMTDC 提供了一种与 MATLAB 以及 C 语言进行方便接口的方法，以扩展自身功能。PSCAD/EMTDC 允许用户自定义功能模块，并提供了 Fortran、C 及 MATLAB 三种语言给用户进行自定义功能模块的编程。由于 PSCAD/EMTDC 内核算法是在 Fortran 语言基础上实现的，因而 Fortran 语言编写程序代码运行效率会较高，但 Fortran 语言的格式限制较多，用户编写大型程序时往往会感觉不方便，且程序出错后给出的错误信息不明确，使得调试难度增加。

MATLAB 是集数值计算、符号运算及图形处理等强大功能于一体的科学计算语言，但相对于直接用 Fortran 或者 C 语言编写程序而言，调用 MATLAB 运行的效率很低，给用户带来麻烦。本章将详细分析介绍 PSCAD/EMTDC 与 MATLAB、C 语言、MATLAB/Simulink 的接口实现方法。

通过一些设置，PSCAD 可以读取特定格式的外部文件，或者输出文件到外部，这种接口我们称其为数据接口。

数据级接口实现的方法主要是利用 File Reader 模块进行外部文件的读写。用户进入主库后在 master library 的 Data Recorders & Readers 中选择 File Read 元件，对话框如图 3-40所示。

在 File Reader 对话框中输入相应参数，建立连接引用关系后就可以从另外一个 PSCAD运行进程或者外部波形来获取数据并作为输入。

如图 3-41 所示，在对话框中设置数据文件名称、引用的路径、数据列数、采样频率计

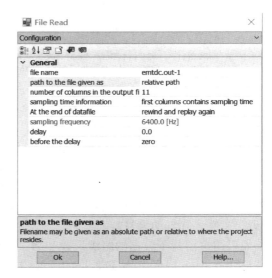

图 3-40　File Read 元件对话框　　　　　　　　　图 3-41　File Read 对话框参数

算方法、采样频率、遇见文件尾部的处理方法等参数，单击 OK 按钮后在程序运行期间就会读入该文件数据。输出文件方法类似，但在进行输入/输出文件操作之前需要对 Project Settings 进行设置，如图 3-42 所示。

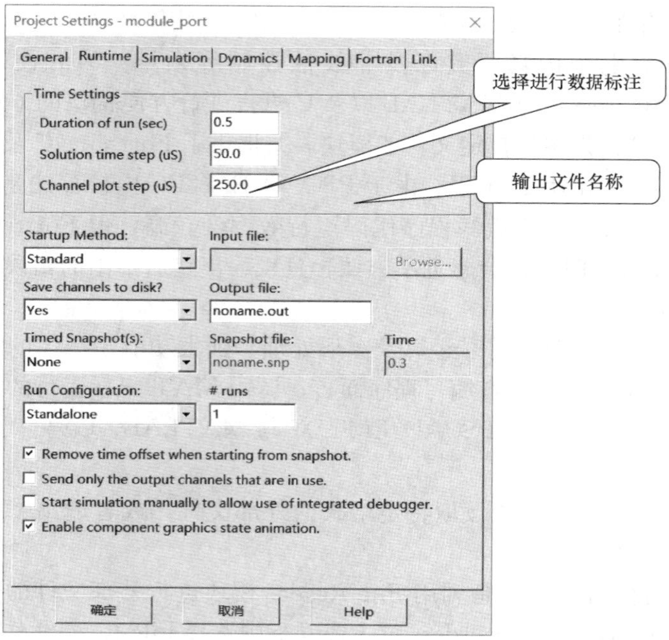

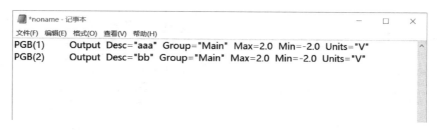

图 3-42 Project Settings 对话框

输出文件包含一个信息文件".inf"和若干个数据文件".out"，其中信息文件".inf"的格式如图 3-43 所示。

图 3-43 信息文件".inf"

生成的若干个"out"文件，每个文件最大 11 列，第 1 列为采样时间点，其余 10 列为采样数据，如图 3-44 所示。如果仿真项目内的输出波形大于 10 个，就会自动生成多个".out"文件，并自动编号。

如果用户清楚了数据的组织形式和格式，用户可以用 C++语言来重新组织这些数据并使其符合 matlab 或者 PSS/E 数据的读取要求，这样一份数据就可以很方便地在多个仿真平台之间使用。

```
PWM AC Voltage Regulation
   0.0000000000000          0.0000000000000          0.59765165439410
   0.10000000000000E-04      0.43815959020330E-05      0.59765165439410
   0.20000000000000E-04      0.39218729922191E-04      0.59765165439410
   0.30000000000000E-04      0.10192832439324E-03      0.59765165439410
   0.40000000000000E-04      0.21569186363062E-03      0.59765165439410
   0.50000000000000E-04      0.39660203498502E-03      0.59765165439410
   0.60000000000000E-04      0.63065092240247E-03      0.59765165439410
   0.70000000000000E-04      0.86653422173078E-03      0.59765165439410
   0.80000000000000E-04      0.10960492013544E-02      0.59765165439410
   0.90000000000000E-04      0.13165896485977E-02      0.59765165439410
   0.10000000000000E-03      0.15274624824129E-02      0.59765165439410
   0.11000000000000E-03      0.17280269225272E-02      0.59765165439410
   0.12000000000000E-03      0.19176959741224E-02      0.59765165439410
   0.13000000000000E-03      0.21597001708220E-02      0.59765165439410
   0.14000000000000E-03      0.26212384065118E-02      0.59765165439410
   0.15000000000000E-03      0.32561201269352E-02      0.59765165439410
   0.16000000000000E-03      0.41288093509650E-02      0.59529413982048
   0.17000000000000E-03      0.52486034502975E-02      0.59529413982048
   0.18000000000000E-03      0.66236299158273E-02      0.59529413982048
   0.19000000000000E-03      0.82608376880938E-02      0.59529413982048
   0.20000000000000E-03      0.10165993217357E-01      0.59529413982048
   0.21000000000000E-03      0.12343681290109E-01      0.59529413982048
   0.22000000000000E-03      0.14797310522579E-01      0.59529413982048
   0.23000000000000E-03      0.17529123405325E-01      0.59529413982048
   0.24000000000000E-03      0.20540210767270E-01      0.59529413982048
   0.25000000000000E-03      0.23830530512704E-01      0.59529413982048
   0.26000000000000E-03      0.27398930470789E-01      0.59529413982048
```

图 3-44　".out"文件

3.4　程 序 级 接 口

除此之外，PSCAD 可以与 MATLAB 进行互联仿真，PSCAD 还可以通过接口函数调用 C 语言编写的程序，这些我们称为程序接口。

研究 PSCAD 的程序级接口的最大目的，是可以与其他程序实时接口并自动生成仿真计算程序。但 PSCAD 目前没有开放式的 API 函数使用，这对一些想利用 PSCAD 仿真平台进行二次开发其他程序的用户产生了限制。但是对于一般用户，PSCAD 提供了足够的方法与外部程序进行接口。

3.4.1　调用外部 Fortran 子程序

在调用外部子程序时我们主要有两种方法来实现。

方法一：在 Additional Source（.f）files 栏可以输入".f"".for"".f90"和".c"的源代码文件，如图 3-45 所示，多个文件之间用","分隔，每个文件可包含多个子函数，各个子函数可以在自定义元件的代码部分进行调用。

方法二：该方法主要利用 File Reference 元件。

右键单击空白页面，在弹出选项中选择 Add Component 项，选择 File reference 元件，如图 3-46 所示。

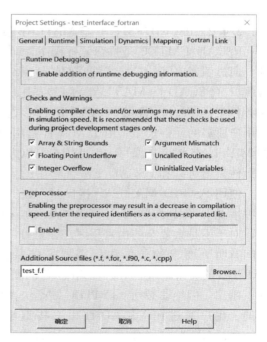

图 3-45　PSCAD 程序级接口对话框

图 3-46   File reference 元件

在 PSCAD 的最新版本中主要用于和 associated files 一起在 PSCAD 中调用其他应用程序，故调用外部子程序时，推荐使用第一种方法。第一种方法的实现结构如图 3-47 所示。

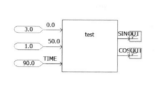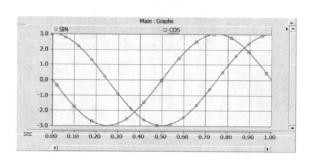

图 3-47   调用 C 语言子程序示例

3.4.2   PSCAD/EMTDC 与 MATLAB 接口

PSCAD/EMTDC 是暂态分析程序，MATLAB 是数学模型软件包，它们之间具有互补性，通过两者之间的接口能把它们的优点结合起来，通过 PSCAD/EMTDC 与 MATLAB 语言接口（PSCAD & MATLAB 接口），用户可以将 MATLAB 中的数学和控制功能模块（包括各种工具箱）应用到 PSCAD/EMTDC 程序中。同时，用户还可以通过编制 M 文件来定义用户所需的元件模型。由于 M 文件是用语法简单、可读性强、调试容易、人机交换性强的 MATLAB 语言来编写，因此用户可以方便地根据需要来自定义元件模型。这些用户自定义元件模型可以和 PSCAD/EMTDC 中的元件模型进行连接。

使用 PSCAD/MATLAB 接口时存在的一种情况是需要使用更多的 CPU 处理时间，在这种情况下可以尝试降低计算频率及增加采样步长的方法提高仿真速度。在可以预见的前提下，对于不是太复杂的仿真程序是完全可以达到仿真预期目的的，但用于一些对调度和采样时间有明确要求的仿真程序需要另辟蹊径。在此不得不提醒广大用户注意 PSCAD 与 EMTDC 的关系，PSCAD 是 EMTDC 的图形用户界面 GUI，PSCAD 的开发成功只是更方便了用户，但绝非必须。EMTDC 才是仿真程序的核心，其中算法实现都是通过 EMTDC 实现的。用户通过在 PSCAD 面板上构造电气接线图，输入参数数值，运行时通过编译 Fortran 编译器进行编译、连接，运行的结果在 PLOT 中实时生成曲线，供用户检验查证比对运行结果是否合理。通过对比我们知道 PSCAD 的本质是一个可视化界面，方便了用户快速搭建仿真程序，并不影响计算结果。当仿真程序容量很大时，在允许的情况下除了使用上述方法外，提高硬件配置来提高仿真速度，以及单独运行 EMTDC 来仿真都是可以考虑采纳的方法。在剥离了 PSCAD 后，不存在用户界面因在线的 PLOT 而无法使用，用户可以考虑将数据文件输出后采用独立的波形分析软件去打开分析仿真结果。

　　另一方面，PSCAD & MATLAB 接口可以把 PSCAD/EMTDC 程序强大的电力系统分析功能和 MATLAB 语言高超的图形可视化技术结合起来，增强 PSCAD 的图形处理能力。虽然 PSCAD 的 GUI 具有一定的图形处理能力，但这是无法与 MATLAB 相比的。MATLAB 的图形工具箱既能显示二维图形、三维图形甚至四维表现图，也能对图形进行着色、消隐、光影处理、渲染及多视角处理等。故与 MATLAB 的接口又显得尤为重要。

　　PSCAD & MATLAB 接口要用到 Visual F90 Fortran 编译器，该接口与 EGCS/GNU Fortran77 编译器不兼容。PSCAD/EMTDC 与 MATLAB 接口界面如图 3-48 所示，图中假定有 m 个输入量，n 个输出量，通过接口中 MATLAB 的 M 文件对 m 个输入量进行处理，得到 n 个输出量进行输出。

图 3-48　PSCAD 与 MATLAB 接口界面

　　PSCAD/EMTDC 内部有一个 Fortran 文件 DSDYN，通过它可以调用外部 Fortran 子程序，该 Fortran 子程序可以启动 MATLAB 数据引擎，并建立起 Fortran 子程序和 MATLAB 数据引擎间的通信管道，同时，含有 MATLAB 命令的 M 文件也传到 MATLAB 数据引擎中，这样 MATLAB 与 PSCAD/EMTDC 就建立了紧密联系，用户可以根据需要编制 M 文件实现所需的仿真。PSCAD 内的 DSDYN 以及 Fortran 文件是实现接口的关键所在。

　　PSCAD 与 MATLAB 互联基本步骤如下：

　　（1）主菜单栏单击 Edit 项，出现 Work Space Setting 设置对话框。

　　（2）选择 Fortran 选项，确定本地计算机上已安装的编译器版本。

　　（3）选择 MATLAB 选项，确认此项目允许使用 MATLAB，如图 3-49 所示，PSCAD V4 当前支持 MATLAB®versions5.0 和 6.0。如果用户使用的是 MATLAB®version5.0，必须指定 MATLAB®库安装路径，此路径被所有使用 MATLAB®/Simulink®接口的 Project 使用。如用户选择使用 MATLAB®version 6，此路径不需要再指定。

　　完成上述设置，打开 PSCAD 自带 MATLAB 文件夹中的例程，运行里面的 Case，需要注意的是运行之前要先打开 MATLAB，否则会出错。

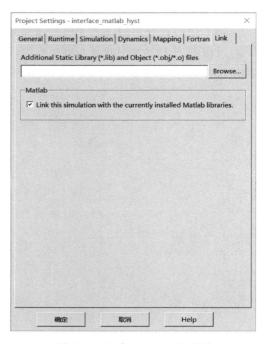

图 3-49　选中 MATLAB 选项

　　在使用 MATLAB 接口之前先来认识 MLAB_INT。PSCAD 接口至 MATLAB 是通过一段称为 MLAB_INT 的独立 Fortran 程序实现的，该程序位于 EMTDC 提供的主库中，因此随着软件的打开会自动加载该程序，用户自定义的模块也能随意使用该程序进行接口调用。该程序实现如下功能：

1）通过调用 MATLAB 的 API 函数，使用命令 engOpen 启动 MATLAB。

2）更改自身工作路径并连接指向 MATLAB 中的".m"文件。

3）从 PSCAD 的 STORF 和 STORI 数组中访问 EMTDC 数组变量。

4）将 Fortran 变量转换为 C 语言中的指针，并进行地址索引。

5）通过 MATLAB 的 API 函数传递指针变量到 MATLAB 引擎，完成将 PSCAD 中数值传至".m"文件过程。

6）从 MATLAB 的".m"文件中得到输出变量，并通过 API 接口库函数将其存储在 STORF 或 STORI 中。

MLAB_INT 函数格式如图 3-50 所示。

SUBROUTINE MLAB INT (MPATH, MFILE, INPUTS, OUTPUTS)

图 3-50　MLAB_INT 函数格式

在安装完 MATLAB，并在 PSCAD 环境中完成设置后，便可以进行下面的步骤。

（1）编写 MATLAB 文件（*.m）实现逻辑功能。

（2）创建一个用户元件，该元件至少提供两个输入参数，具体指明需使用功能的".m"文件的名称和路径。

（3）在用户元件代码内调用".m"文件。

（4）在用户元件代码传递参数。

通过本章内容介绍使读者能够较清楚地认识到 PSCAD 的接口原理，在需要时可以参考上述方法或者步骤进行简单自定义接口。具体 PSCAD 程序级接口操作过程请扫描二维码 3-3 进行观看学习。

二维码 3-3
PSCAD 程序级
接口设置

第4章　工程实践开发要点

经过前面几章的介绍，现在我们很清楚地了解了仿真程序的运行过程：利用 PSCAD/EMTDC 软件对电力系统进行仿真研究，首先要在 PSCAD 图形界面上选取元件库中的适当元件（模块）搭建系统模型，并对照实际物理系统设置模型中元件对应的参数，在需要观测变量处添加电表和输出观测点，以便于仿真结果的查看、分析，检查无误并设置好仿真步长、时间等参数后即可执行仿真分析。执行仿真时，PSCAD 首先调用软件自带的编译器将 PSCAD 中的模型电路编译为主 Fortran 程序，此时可视化的模型元件转换为 EMTDC 的子函数，并根据电路连接关系自动进行节点编号和参数传递，然后利用设定的 Fortran 编译器通过调用 EMTDC 引擎库文件生成最终的执行文件。在仿真运行过程中，用户可以通过输入、输出元件库的控制元件自由调整参数值，以便观察系统动态情况下的相应特性。

PSCAD/EMTDC 目前应用的一个主要领域是新能源电力系统领域，而直流输电的研究目前也大多采用该工具。作为一个初步使用该工具的用户从简单应用到复杂的实际工程辅助研究需要很长的路要走。本章有必要将实际应用中的建模研究注意事项做个简单介绍。

在直流输电控制保护、静态无功补偿 SVC 等系统前期设计、控制系统参数优化、保护定值整定等过程中常常利用仿真工具进行辅助设计，目前采用的仿真工具一般是 PSCAD/EMTDC。本章主要以直流输电工程为例介绍其仿真。

与直流输电系统物理仿真相比较，直流输电系统数字仿真具有很多独特的优点，本章提出直流输电基于 PSCAD 软件建立直流输电系统模型应该遵循的一般原则和要求，分析基于 PSCAD 软件的数字仿真系统的主要特点。

4.1　工程仿真模型框架搭建

直流输电系统仿真按仿真模型可分为物理仿真和数字仿真。人们很早就采用直流计算台、动态模拟和模拟计算机等物理仿真方法研究直流输电系统。这种数模混式仿真虽然可以实时仿真直流输电系统的运行过程，也能得出与现场完全一致的物理现象，但是由于数模混合式仿真中的直流系统物理模拟仿真器通常由数十个庞大的机柜组成，占地面积大，运价昂贵，不利于维护推广。目前中国电力科学研究院直流研究采用物理仿真和数字仿真两套体系。

4.1.1　HVDC 整体构架安排

在直流输电系统中，送端和受端是交流系统，仅输电环节为直流系统。在输电线路的始端，送端系统的交流电经换流变压器升压后送至整流器。整流器的主要部件是由可控电力电子器件构成的整流阀，其功能是将高压交流电变为高压直流电送入输电线路。输电线路将直流电送至受端逆变器，逆变器的结构与整流器的相同，而作用刚好相反，它将高压直流电变为高压交流电。再经过换流变压器降压，实现送端系统电能向受端系统输送。在直流输电系统中，通过改变换流器的控制状态，也可将受端系统中的电能送到送端系统中去，即整流器和逆变器是可以互相转换的。

对常规高压直流输电系统（HVDC）进行仿真建模，直流侧 500kV，容量 1000MW。直流输电线路用 T 型网络表示，线路电容以位于线路中部的集中电容表示。该线路具有较小的电感和较大的电容。该模型的主电路部分如图 4-1 所示。

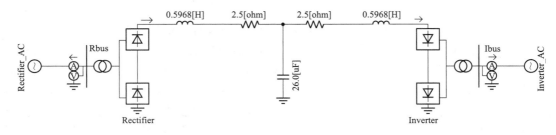

图 4-1　常规高压直流输电系统仿真模型主电路

4.1.2　交流系统模型

整流侧交流系统电压为 382.867 2kV，额定电压为 345kV。系统阻抗为 R-R-L 结构，基波阻抗为 $47.655\angle84.25°\Omega$，短路容量比 SCR 为 2.5（以直流侧额定容量 1000MW 为基值）；三次谐波阻抗为 $142.3\angle84.73°\Omega$，基波和三次谐波阻抗角基本相等；逆变侧交流系统电压为 215.05kV，额定电压为 230kV。系统阻抗为 R-L-L 结构，基波阻抗为 $21.2\angle75℃$，短路容量比 SCR 为 2.5（以直流侧额定容量 1000MW 为基值），三次谐波阻抗为 $412.97\angle69.7℃$，对三次谐波具有较高阻尼。整流侧和逆变侧的交流系统电路分别如图 4-2 和图 4-3 所示。

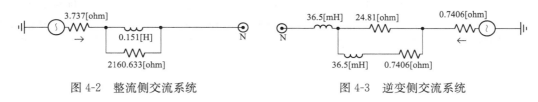

图 4-2　整流侧交流系统　　　　　图 4-3　逆变侧交流系统

4.1.3　整流站和逆变站模型

整流站和逆变站均为双桥串联结构，构成 12 脉动换流桥。同时，整流站和逆变站均各配有交流滤波器和无功补偿装置。整流站电路和逆变站电路分别如图 4-4 和图 4-5 所示。

4.1.4　控制保护策略

整流侧触发角控制电路如图 4-6 所示。整流侧采用定电流和定最小的 α 角控制，同时配有低压限流环节。由逆变侧传来的电流指令减去实际测得的整流侧电流后，通过 PI 校正环节得到 β 角（弧度），用 π 减去 β 后即得到触发角指令信号 AOR。PI 校正环节输出最大限值为 3.054（175°），最小限值为 0.52（30°），对应 α 角最小为 5°，最大 150°。

逆变侧采用定电流和定 γ 角控制，同时产生整流侧的电流指令。

定电流控制部分电路如图 4-7 所示。首次根据测量得到的逆变侧直流电压和电流，计算出线路中点的直流电压，该电压通过低压限流环节产生电流指令，从该电流指令与给定电流指令中选取较小的一个作为整流侧电流指令。同时整流侧电流指令减去 0.1pu 的裕度后作为逆变侧定电流指令，该指令与实际测得的逆变侧电流相减后送入 PI 校正环节，产生定电流

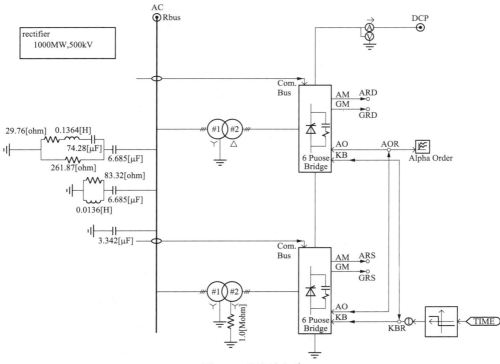

图 4-4　整流站电路

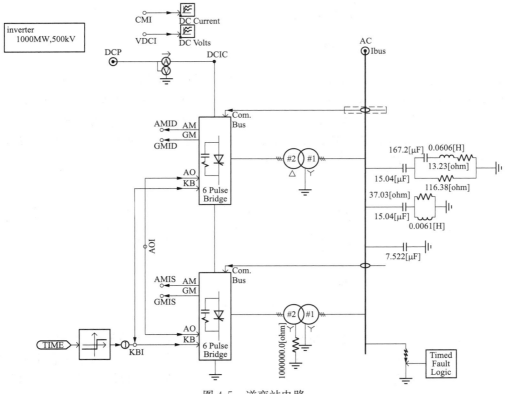

图 4-5　逆变站电路

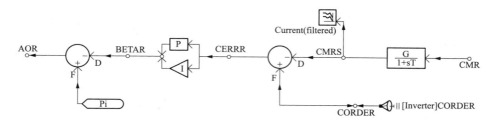

图 4-6　整流侧触发角控制电路

控制的 β 角，该角度的范围为 $30°\sim110°$。

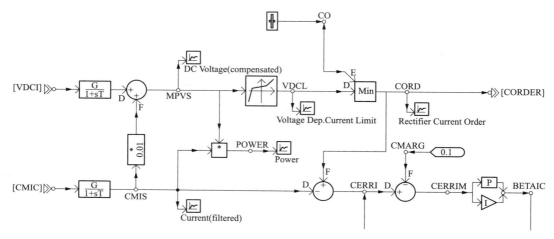

图 4-7　逆变侧定电流控制电路

定 γ 角控制部分电流如图 4-8 所示。首次通过将测量得到的过去一个工频周期内两个逆变桥的报小 γ 角为实际 γ 角，与 $15°(0.261\ 8)$ 的给定值相减，并进行限幅（-0.544，对应 $-3\ 1°$，即 γ 角不超过 $46°$），送入 PI 校正环节后得到定 γ 角控制的 β 角，该角度的范围为 $30°\sim90°$。最后从定电流控制得到的 β 角和定 γ 角控制得到的 β 角中选择一个最大的输出，用 π 减去后得到逆变侧触发角指令信号 AOI。

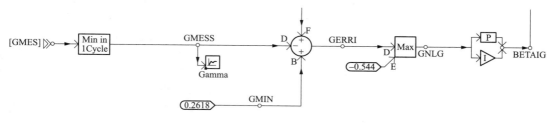

图 4-8　逆变侧定 γ 角控制电路

定 γ 角控制部分还配备有电流偏差控制环节（CEC），输入为整流侧的电流整定值与实际电流的偏差，输出为逆变侧定 γ 控制的 γ 角增量 Δγ，只有当实际电流小于整定值才输出角增量，而当实际电流大于整定值输出角增量为 0。该环节的目的是尽快使电流回升至给定值。

4.2　工程仿真建模难点介绍

以 PSCAD/EMTDC 程序为软件平台的直流输电数字仿真系统是分析和研究直流输电和交直流互相影响等问题的主要工具。研究对象主要包括：直流输电控制保护系统参数优化的研究、故障暂态工况的离线分析功能、在负荷变化电压或电流整定值改变等情况下的系统动态特性研究、直流输电系统不同控制方式或运行方式间的相互转换时的动态特性研究。此外，还应用于交直流联网系统的相互作用，非理想条件下的直流输电系统的谐波特性研究。

直流输电系统中的控制保护系统比较复杂，它对直流输电系统的性能起着决定性的作用，所以，建立在 PSCAD/EMTDC 软件上的直流输电系统控制保护模型应该与实际的控制保护相一致。在直流控制保护的仿真模型中，控制系统的功能跟实际的功能块应该在物理连接上十分相似，它们执行的算法和逻辑应该相同，运行的时间步长也应该一样，这对于研究直流系统的动态性能十分重要。但对于与硬件相关的功能，如运行人员控制、远动控制、开关场连锁等，由于它们对于控制的动态性能来说是非关键因素，所以在模型中一般不予表达。除此之外，直流输电控制系统为了保证控制的可靠性采用了冗余，在仿真系统中一般也不考虑。

如果对直流系统相连接的交流系统规模很大，没有必要也不可能对交流系统中的所有机组和节点进行完全模拟，必须对系统进行等值简化。对于一次系统的要求主要分为以下几点：

（1）等值简化网与原网的潮流分布及动态特性保持一致，所以如果系统有多种不同的典型运行方式，为满足该要求，应采用不同的交流系统等值简化网。

（2）交流系统等值简化应适用于 PSCAD/EMTDC 建立系统模型。

PSCAD/EMTDC 中提供了一次系统和用于搭建控制系统的基本模型但是由于以下原因并不能完全适用：

1）与物理仿真相比，数字仿真时计算机不可能连续模拟暂态现象，只能在离散的时间点（步长 Δt）求解。Δt 可以根据需要进行选择，为了使仿真具有较高的精度并避免仿真时间过长，步长一般选择在 $25 \sim 50 \mu s$。

2）PSCAD/EMTDC 的元件模型库（Library）提供了很多常用的电力系统元件模型，但在实际的直流输电系统中，有很多元件具有特殊的功能和特性，为准确地在仿真模型中表达这些元件，需要用户自定义元件模型。搭建的控制系统中所有的模块都在同一计算步长（一般为 $50 \mu s$）下进行计算，即每 $50 \mu s$ 把所有的模块全部计算一次，没有时间中断的功能。而实际工程中，具有同样功能的模块具有不同的时间中断功能，所以在使用 PSCAD/EMTDC 自带模块搭建的控制保护模型进行工程相关研究时将会带来很大的误差，并且在 PSCAD/EMTDC 中的模型和工程实际的应用软件也不能一致，因此需要一套与实际工程一致的 PSCAD/EMTDC 开发平台用于实际工程的控制系统的相关研究。

3）在所建立的仿真系统中，交流系统中的发电机、交流线路、负荷、变压器等可根据需要采用不同的模型。在天广交直流混合输电系统数字仿真模型中，其交流系统的发电机采用派克方程模式，包括水轮机和汽轮机模型以及发电机励磁调节器模型、调速器模型、原动机模型和电力系统稳定器模型；交流线路采用了 Bergeron 模型和等值 I 模型；负荷采用恒阻抗负荷模型；变压器采用理想变压器模型。

基于以上原因，在协助实际工程进行仿真研究时，或者实际工程应用软件依托于仿真程序进行开发时，更专业的元件模型就显得尤为重要。

此外，PSCAD 的计算周期比较短，而大多数电力系统元件最佳周期是 $50\mu s$，所以在实际的应用平台如直流输电领域 ABB 公司的 MACH2 平台中分为多个计算周期，这样对于核心计算以及通信部分采用小采样周期，而对于一些开关量状态不需要迅速响应的部分则采用较大的采样周期。这样能降低 CPU 的负荷，保证在不同周期内分时完成任务。因此，在设计元件时就需要进行任务和调度方面的安排。在某工业平台上调度周期分别是 $T1=1ms$，$T2=2ms$，$T3=4ms$，$T4=16ms$，$T5=320ms$。如何进行分时执行呢？这就需要我们在系统运行时获取仿真运行过程中的时间信息，用于元件的实时控制，在 EMTDC 中存在一个全局变量 time，它所指示的就是系统时间，可以直接在脚本中使用。

在一些特殊情况下要进行任务中断，而中断的时刻恰巧又不是 PSCAD 步长的整数倍，这个在实际仿真中也是会碰到的。解决的方法一般是进行插值计算，通过插值估算出处于两个采样时刻之间的值，进行输出。对于插值有多种方法，但考虑 PSCAD 的步长本来就很小，在 $50\mu s$ 之间插值，通过拉格朗日插值或者其他方法差别都微乎其微。使用者可根据自己工程实际需要自行掌握。

第5章　工程实践实例应用

为方便读者更进一步地学习 PSCAD 的使用，本章将从最基础的电力系统模型开始建立，带读者一步一步地来熟悉 PSCAD 的使用。本书所使用的 PSCAD 软件版本为 4.6.2。

5.1　简单电力系统模型搭建

本节以最基础的电力系统继电保护为例，带读者初步熟悉 PSCAD 建模的全过程，完整地构建一个完整、简单的 PSCAD 实例模型，以便读者熟悉 PSCAD 的基础操作方法。由于篇幅限制，后续章节将不再详细描述完整的建模过程。

5.1.1　简单电力系统模型建立

1. 单相恒定电势源供电线路

我们以单相恒定电势源供电线路为例，带读者从简单系统一步一步地扩展。接下来要构建的是如图 5-1 所示模型，具体操作请扫描二维码 5-1 观看视频。

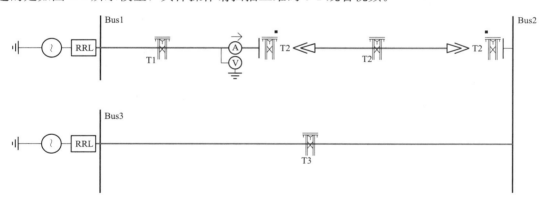

图 5-1　单相恒定电势源供电线路

搭建好模型之后，想要运行，需要单击顶部菜单中 Home 模块里面的"运行"（Run）按钮，便可以得到输出波形了。该模型的仿真结果如图 5-2～图 5-4 所示，本书仅截取一小部分，完整的可由读者完成。

二维码 5-1
单相恒定电
势源供电线
路建立

2. 无穷大系统的运行特性

（1）无穷大系统的搭建。我们已经建立了单相恒定电势源供电线路，为了对比分析实际运行中与无穷大系统的区别，需要将建立的模型修改为无穷大系统，仅需要改变电源的供电类型即可实现，双击电源修改为如图 5-5 所示的样子。

修改后的系统模型如图 5-6 所示。

（2）仿真结果如图 5-7～图 5-9 所示。

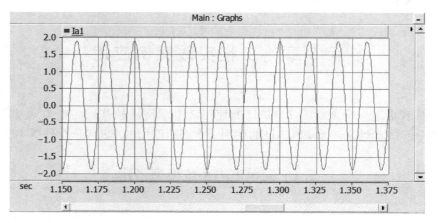

图 5-2   单相恒定电势源供电线路电流波形

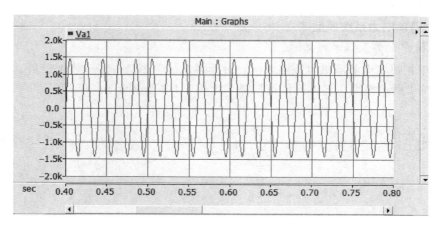

图 5-3   单相恒定电势源供电线路电压波形

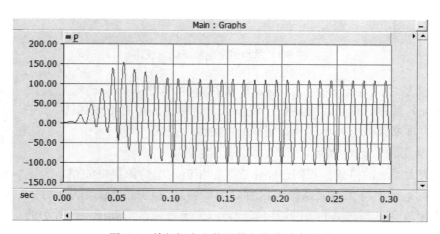

图 5-4   单相恒定电势源供电线路功率波形

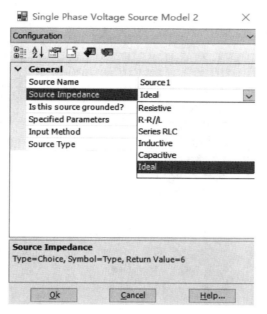

图 5-5　理想电压源

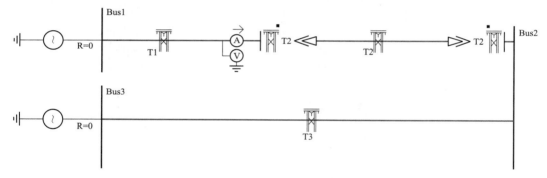

图 5-6　无穷大系统模型

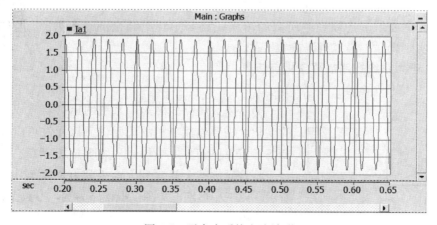

图 5-7　无穷大系统电流波形

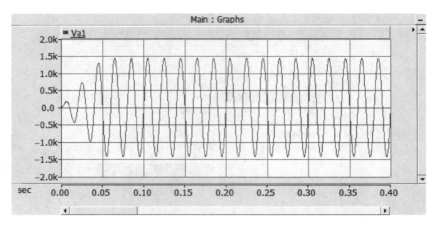

图 5-8　无穷大系统电压波形

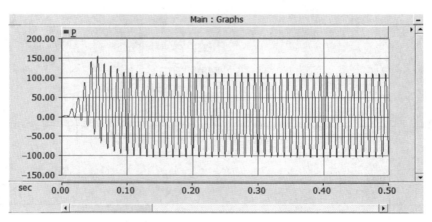

图 5-9　无穷大系统功率波形

3. 三相恒定电势源供电线路

实际运行中，我们通常使用的是三相电源。为了分析实际电力系统的运行状况，需要将上述模型中所有的单相线路与单相电源全部修改为三相电源。实际操作扫描二维码 5-2 观看。

二维码 5-2
三相恒定电势源
供电线路建立

5.1.2　电力系统短路故障建模与仿真

1. 三相故障模型建立

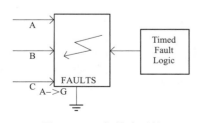

图 5-10　三相故障元件

为了研究短路故障时，系统的运行状态以及各个参数的变化，需要使用三相故障元件。该元件可以在 BREAK-ERS & FAULTS 库中找到，如图 5-10 所示。

将该元件整个复制到之前搭建好的模型中，如图 5-11 所示，以三相恒定电势源供电线路为例，参数设置如图 5-12 所示。可扫描二维码 5-3 观看故障建模过程。

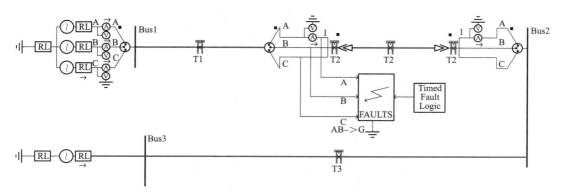

图 5-11 三相故障系统

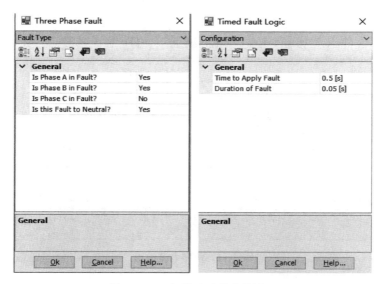

图 5-12 三相故障元件参数设置

2. 仿真结果

利用上述建立的模型，对系统三相短路故障进行仿真
分析，仿真结果如图 5-13～图 5-15 所示。

5.1.3 距离保护建模与仿真

1. 距离保护系统仿真模型建立

前文中，我们已经构建了完整的并且带有故障的电力线路，接下来构建
距离保护的仿真，来分析线路什么时候会启用距离保护。

按照前文的做法，设置 FFT 元件的参数，并按如图 5-16 所示摆放各个元件。

接下来再构建距离保护的算法，在 CSMF 库中，可以找到各类控制元件，并且在 PRO-
TECTION 库中，可以找到阻抗圆元件，按如图 5-17 所示摆好各个元件，并设置好阻抗圆
的默认参数。

二维码 5-3
三相故障
模型建立

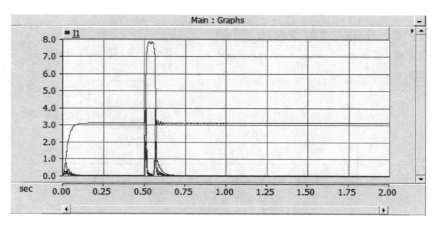

图 5-13　正序电流波形

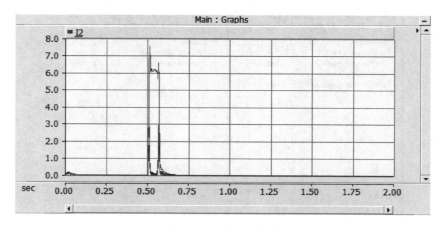

图 5-14　负序电流波形

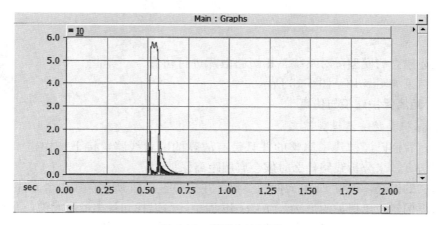

图 5-15　零序电流波形

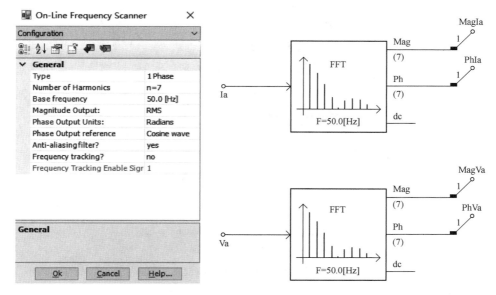

图 5-16　快速傅里叶转换 FFT 模块

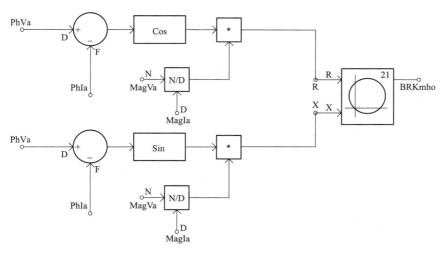

图 5-17　距离保护算法

　　该模型所实现的功能为，当保护安装处至故障点的阻抗小于阻抗圆设定好的数值（Radius of the circle）之后，BRKmho 输出为 1。该实例中，阻抗圆保护的参数设置如图 5-18 所示。阻抗圆设定为 45.455 381 42，阻抗圆的 X 坐标（X coordinate of the centre）为 1.306 981 5，阻抗圆的 Y 坐标（Y coordinate of the centre）为 45.436 587。距离保护算法中的 R 代表的是保护安装处至故障点的电阻值，X 代表的是保护安装处至故障点的电抗值。

　　完整的模型如图 5-19 所示。

2. 仿真结果

　　利用上述建立的模型，对系统距离保护时间进行仿真分析，仿真结果如图 5-20 所示。

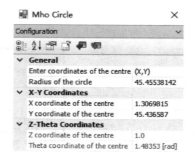

图 5-18　阻抗圆保护的参数设置

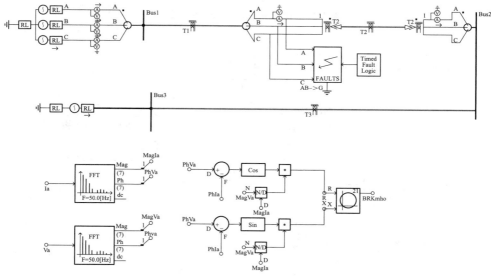

图 5-19　距离保护模型

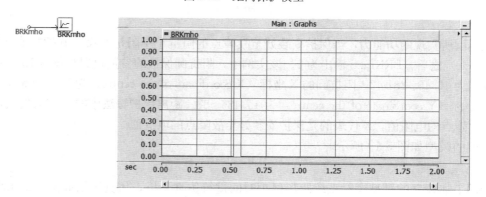

图 5-20　距离保护动作时间

5.2　双馈风力发电系统建模与仿真

本节在分析双馈风力发电系统组成和基本工作原理的基础上，建立双馈风力发电机组的模型。应用 PSCAD 仿真软件搭建双馈风力发电机的并网模型，并分析该双馈风力发电机组的运行特性。当电网侧发生故障时，对双馈风力发电机组并网模型电网侧的故障时的有功功率、无功功率，以及电压、电流的波形进行对比分析。

5.2.1　双馈风力发电系统基本工作原理

双馈风机发电系统主要由叶片、风力机、双馈发电机、背靠背式变流器、变压器等组成，如图 5-21 所示。风力机捕获风能转化为旋转动能，通过机械轴系传给双馈感应发电机，双馈感应发电机实现电能的转换，定子直接与电网相连，转子则通过两个电力电子变换器实现交流励磁。双馈风电机组的控制系统主要包括变速风力机的控制系统以及双馈感应发电机的控制系统。

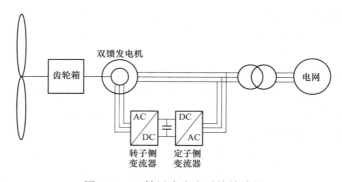

图 5-21　双馈风力发电系统接线图

双馈风力发电机发电时存在一个额定风速，当实际风速小于这个额定风速时，为了捕获最大功率，双馈风力发电机组一般会在一定范围内控制转速使其达到一个适当的值。根据双馈风力发电的控制原理可知，通过控制其电磁转矩不仅能实现特定条件下的最大风能追踪，还能够有效地控制捕获功率。

在外部发生故障的情况下，电压跌落将引起双馈风机定子和转子电流增大，从而引发转子变流器 IGBT 过载，发热问题会直接导致变流器损毁，故双馈风机还需具备低电压穿越的能力。在检测到直流母线过电压或者网侧变流器过电流的情况下，可适时投入 Chopper 卸荷电路，同时调整其与电网交换功率的控制目标；适时投入风力机桨距角控制单元以减小双馈风机输入的机械功率，防止转子加速运行，使得风机失稳；当风电机组的控制单元实时检测到所用运行指标都符合要求时，在合理的时间退出 Crowbar 保护电路与 Chopper 卸荷电路，使风机恢复常态控制。转子变流器闭锁后，控制系统继续监视双馈风机各个运行参数信息。当这些参数都满足要求时，变流器准备重合。

5.2.2　双馈风力发电系统数学模型

（1）风速模块。在风力发电机建模中对风速的描述不可或缺，该模型中的风速模型分为两种：渐变风与阵风。

渐变风：可表现风速的渐变特性。

$$V_{w} = \begin{cases} V_{sgw}, & 0 < t < t_{sgw} \\ V_{sgw} \dfrac{t - t_{sgw}}{t_{egw} - t_{sgw}}, & t_{sgw} < t < t_{egw} \\ V_{egw}, & t_{egw} < t \end{cases} \tag{5-1}$$

式（5-1）中：V_{w} 为风速，m/s；V_{sgw} 为渐变风初始值，m/s；V_{egw} 为渐变风最大值，m/s；t_{sgw} 为渐变风开始的时间，s；t_{egw} 为渐变风结束的时间，s。该模型中取渐变风初始值为 11m/s，渐变风最大值为 14m/s，风速在 6s 开始变化，8s 时达到最大值。

阵风：考虑到风速是不停变化的而非是固定不变的，该模型可使用阵风来描述风速中突然产生变化的状态。

$$V_{w} = \begin{cases} V_{g}, & 0 < t < t_{sg} \\ \dfrac{V_{gmax}}{2} \left(1 - \cos 2\pi \dfrac{t - t_{sg}}{t_{eg}} \right), & t_{sg} < t < t_{eg} \\ V_{g}, & t_{eg} < t \end{cases} \tag{5-2}$$

式（5-2）中：V_{g} 为阵风初始值，m/s；V_{gmax} 为阵风最大值，m/s；t_{sg} 为阵风开始时间，s；t_{eg} 为阵风结束时间，s。该模型中阵风初始值为 9m/s，阵风最大值为 11m/s，阵风开始时间为 8s，持续至 12s 时结束。

（2）桨距角控制系统。因桨距角的大小将会直接影响着风能转换系数 C_{p} 的值，所以对于变速恒频风力发电机组而言，必须保证风力机的桨距角可灵活调节。桨距角控制根据风速的不同主要分为两种情况：其一，风速低于或等于额定风速；其二，风速高于额定风速。

1）风速小于或等于额定风速时（$V_{w} \leqslant V_{wn}$）：

风速低于或等于额定风速时，机组不会超额运行，所以应该尽可能保证风机能捕获最大风能从而实现最大机械功率输出。通过查阅相关文献可知，桨距角 β 为 0° 时，其对应的风能转换系数 C_{p} 最大。故此为保证风力机最大功率输出，桨距角应保持在 0°。

2）风速高于额定风速时（$V_{w} > V_{wn}$）：

当风速高于额定风速时，为了保护风轮机、电机和电力电子变流器不超额运行，此时应该调节桨距角 β 以优化风能利用系数 C_{p}，使得风机的输出机械功率维持在额定机械功率上。在风速过高的情况下，可以通过增大桨距角来降低风能转换系数的值，从而使风机不超额运行。另外为保证最大风能捕获，必须通过变流器控制对应的电机转速，从而调节风机的转速使风机运行在最大功率曲线上。

桨距角控制系统框图如图 5-22 所示。

1）当 $V_{w} \leqslant V_{wn}$ 时，切换开关 S 在 B_{1}、B_{2} 挡，即输入的值都为 0，最终的桨距角 β 为 0°；

2）当 $V_{w} > V_{wn}$ 时：切换开关 S 跳至 A_{1}、A_{2} 挡。风机实际输出的机械功率与额定功率进行差值比较，控制输出机械功率在额定功率点，其误差经过 PI 调节器输出；电机的转子电角速度 ω_{r} 与指令值 ω_{ref} 进行比较，其差值经过比例系数放大，该过程主要是为了增加桨距角调节的速度。最后经过斜率限制器和幅值限制器，得到对应的桨距角 β 值。

（3）风机的气动特性。风力机作为风力发电系统中将风能转化为机械能的重要部分，其将捕获的风能转换为机械能，从而对风电机组有功功率的输出有着直接影响。根据空气动力学原理，可知，风力机输出的机械能 P_{m} 与所捕获风能相对应的风速 V_{w} 之间有如下关系：

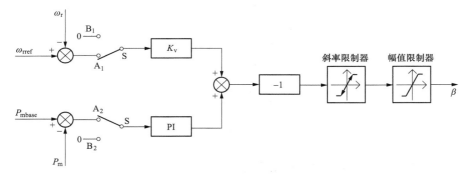

图 5-22　桨距角控制系统框图

$$P_{\mathrm{m}} = \frac{\varrho A}{2} V_{\mathrm{w}}^3 C_{\mathrm{P}}(\lambda, \beta) \tag{5-3}$$

式（5-3）中：P_{m} 为风力机所产生的机械能，W；ρ 为风力机叶轮所扫过的空气密度，$\mathrm{kg/m^3}$；A 为风力机叶轮所扫过的面积，$\mathrm{m^2}$；C_{P} 为风力机的风能转换系数，它是叶尖速比 λ 和桨距角 β 的函数，其具体的函数关系如下：

$$C_{\mathrm{P}}(\lambda, \beta) = 0.22\left(\frac{116}{\lambda'} - 0.4\beta - 5.0\right) e^{-\frac{12.5}{\lambda'}} \tag{5-4}$$

其中 λ' 为一个中间系数，它与叶尖速比 λ 和桨距角 β 之间的关系为

$$\frac{1}{\lambda'} = \frac{1}{\lambda + 0.08\beta} - \frac{0.035}{\beta^3 + 1} \tag{5-5}$$

叶尖速比可表示为

$$\lambda = \frac{\omega_{\mathrm{t}} R}{V_{\mathrm{w}}} \tag{5-6}$$

式（5-6）中：ω_{t} 为风机的机械转速，$\mathrm{rad/s}$；R 为风力机的叶轮半径，m。

（4）变换器及其控制。双馈风力发电机组中双馈感应电机定子绕组直接与电网相连，转子绕组通过背靠背换流器实现交流励磁，其中机侧变流器主要是为了实现：①对双馈风力发电机有功进行控制；②对双馈风力发电机无功进行控制。为实现上述目标，通过对 dq 轴分量的解耦控制，可以对输出功率有功、无功分量进行控制。采用定子电压定向控制策略的控制电路如图 5-23 和图 5-24 所示。

1）机侧变流器控制策略。

由于双馈电机中，定子的电阻远小于电抗，因此可将其忽略。此时，可以界定定子磁链向量与定子电压向量互相垂直。若将定子磁链所在方向定为 d 轴，则电压为 q 轴。

$$\begin{cases} \psi_{\mathrm{sd}} = \psi_1 \\ \psi_{\mathrm{sq}} = u_1 \\ u_{\mathrm{sd}} = 0 \\ u_{\mathrm{sd}} = u_1 \end{cases} \tag{5-7}$$

将式（5-7）代入磁链方程中可以得到定子侧 dq 轴电流表达式：

$$\begin{cases} \psi_{sd} = L_s i_{sd} + L_m i_{rd} \\ \psi_{sq} = L_s i_{sq} + L_m i_{rq} \\ \psi_{rd} = L_r i_{rd} + L_m i_{sd} \\ \psi_{rq} = L_r i_{rq} + L_m i_{sq} \end{cases} \tag{5-8}$$

$$\begin{cases} i_{sd} = \dfrac{\psi_1 - L_m i_{rd}}{L_s} \\ i_{sq} = -\dfrac{L_m}{L_s} i_{rq} \end{cases} \tag{5-9}$$

在 dq 坐标轴下定子侧有功功率和无功功率表达式为：

$$\begin{cases} P_s = u_{sd} i_{sd} + u_{sq} i_{sq} \\ Q_s = u_{sq} i_{sd} - u_{sd} i_{sq} \end{cases} \tag{5-10}$$

将 dq 坐标轴定子电流表达式代入式（5-10）中可以得到：

$$\begin{cases} P_s = u_1 i_{sq} = -\dfrac{u_1 L_m}{L_s} i_{rq} \\ Q_s = u_1 i_{sd} = \dfrac{u_1}{L_s}(\psi_1 - L_m i_{rd}) \end{cases} \tag{5-11}$$

由式（5-11）可以明显看出由定子输出的有功和无功功率分别只与转子 q 轴的电流分量和 d 轴的电流分量有关，通过对转子在 dq 轴电流分量的区别控制便可实现解耦。在定子磁链或定子电压保持恒定时，定子的有功功率与无功功率分别由 i_{rq} 和 i_{rd} 决定。所以通过对转子侧变流器的矢量控制可以实现对双馈风力发电机有功和无功功率的解耦控制。

将式（5-11）代入 dq 坐标系下的电压方程，可以得到：

$$\begin{cases} u_{sd} = p\psi_{sd} - w\psi_{sq} + R_s i_{sd} \\ u_{sq} = p\psi_{sq} + w\psi_{sd} + R_s i_{sq} \\ u_{rd} = p\psi_{rd} - sw\psi_{rq} + R_r i_{rd} \\ u_{rq} = p\psi_{rq} - w\psi_{rd} + R_r i_{rq} \end{cases} \tag{5-12}$$

$$\begin{cases} u_{rd} = R_r i_{rd} + \dfrac{L_s L_r - L_m^2}{L_s} p i_{rd} - \dfrac{L_s L_r - L_m^2}{L_s} sw i_{rq} \\ u_{rq} = R_r i_{rq} + \dfrac{L_s L_r - L_m^2}{L_s} p i_{rq} + \dfrac{L_m}{L_s} sw\psi_1 - \dfrac{L_s L_r - L_m^2}{L_s} sw i_{rd} \end{cases} \tag{5-13}$$

控制流程图如图 5-23 所示。

测得机侧电压和电流的实际值 u_{gabc} 和 i_{gabc}，因采取机侧电压定向矢量控制，故利用 PLL 锁相环，得到网侧电压 A 相相角 θ_g，利用所得的角度 θ_g，对所测机侧电压和电流进行 abc/dq0 变换，得 dq 坐标系下机侧的电压电流分量 u_{rd}、u_{rq}、i_{rd} 和 i_{rq}。

将测量电机向网侧输送的无功功率与无功基准值进行比较，其差值经过 PI 调节器得到转子直轴电流 i_{rdref}；将测量电机向网侧输送的有功功率与有功基准值进行比较，其差值经过 PI 调节器得到转子交轴电流基准值 i_{rqref}。将所得到的 i_{rdref}、i_{rqref} 与 i_d、i_q 进行比较，其差值经过 PI 调节器得到转子直轴与交轴电压基准值 u_{rdref}、u_{rqref}；将 u_{rdref}、u_{rqref} 进行 dq0/abc 逆变换，即得到转子三相电流调制信号 u_{aref}、u_{bref} 和 u_{cref}。将此信号传递至机侧逆变器，变流器采用滞环比较调制方式，形成机侧 PWM 变流器的开关动作信号，完成整个控制过程。

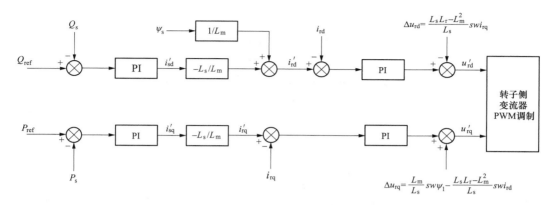

图 5-23　机侧变流器控制流程图

2）网侧变流器控制策略。网侧变流器的目标是：①稳定直流母线电压；②控制输出功率因数。网侧换流器采用电压环和电流环双环控制。首先将风力机接入点的三相电压信号转换至 dq 坐标轴下，网侧变换器电流信号做同样处理，并对其进行滤波，采用基于电网电压定向矢量控制的网侧变换器控制策略，如图 5-24 所示。

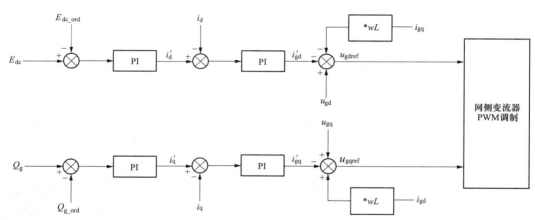

图 5-24　网侧变流器控制框图

假定双馈风力发电机的网侧变流器通过阻抗为 $R+j\omega L$ 的线路与电网相连接，则可写出的电压方程如式（5-14）所示：

$$\begin{bmatrix} u_{sa} \\ u_{sb} \\ u_{sc} \end{bmatrix} = (R+j\omega L)\begin{bmatrix} i_a \\ i_b \\ i_c \end{bmatrix} + \begin{bmatrix} u_{b1} \\ u_{b2} \\ u_{b3} \end{bmatrix} \tag{5-14}$$

式（5-14）中：u_{sa}、u_{sb}、u_{sc} 为网侧变流器电压，V；i_a、i_b、i_c 为网侧变流器电流，A；u_{a1}、u_{b1}、u_{c1} 为电网电压，V。

dq 坐标轴下电压方程转化为

$$\begin{cases} u_{sd} = (R+j\omega L)i_d - \omega L i_q + u_{d1} \\ u_{sq} = (R+j\omega L)i_q - \omega L i_d + u_{q1} \end{cases} \tag{5-15}$$

式（5-15）中：u_{d1}、u_{q1} 为电网电压 d、q 轴分量。

网侧变流器与电网间的交换功率为

$$\begin{cases} P_{\mathrm{g}} = u_{\mathrm{dl}} i_{\mathrm{d}} + u_{\mathrm{ql}} i_{\mathrm{q}} \\ Q_{\mathrm{g}} = u_{\mathrm{ql}} i_{\mathrm{d}} - u_{\mathrm{dl}} i_{\mathrm{q}} \end{cases} \tag{5-16}$$

将 dq 坐标轴下的 d 轴准确定向于电网电压 ed 空间矢量方向上,有

$$\begin{cases} u_{\mathrm{dl}} = e_{\mathrm{d}} \\ u_{\mathrm{ql}} = 0 \end{cases} \tag{5-17}$$

进而有

$$\begin{cases} P_{\mathrm{g}} = e_{\mathrm{d}} i_{\mathrm{d}} \\ Q_{\mathrm{g}} = -e_{\mathrm{d}} i_{\mathrm{q}} \end{cases} \tag{5-18}$$

通过式(5-18)我们很容易可以看出,在一定条件下,转子的有功功率和无功功率分别与 i_{d}、i_{q} 成正比。即可通过对网侧变流器的调节控制,实现网侧变流器和电网之间的解耦控制。在实际控制中电流 i_{d} 一般与直流母线 V_{d} 有很大关系,因而电流 i_{d} 的参考值由直流母线电压的偏差来决定。

因而可以得到:

$$\begin{cases} u_{\mathrm{sd}} = R i_{\mathrm{d}} + L \dfrac{\mathrm{d} i_{\mathrm{d}}}{\mathrm{d} t} - \omega L i_{\mathrm{q}} + e_{\mathrm{d}} \\ u_{\mathrm{sq}} = R i_{\mathrm{q}} + L \dfrac{\mathrm{d} i_{\mathrm{q}}}{\mathrm{d} t} + \omega L i_{\mathrm{d}} \end{cases} \tag{5-19}$$

测得网侧电压和电流的实际值 u_{gabc} 和 i_{gabc},因采取网侧电压定向矢量控制,故利用 PLL 锁相环,得网侧电压 A 相相角 θ_{g}。利用所得的角度 θ_{g},对所测网侧电压和电流进行 abc/dq0 变换,得 dq 坐标系下的电压电流分量 u_{gd}、u_{gq}、i_{gd} 和 i_{gq}。

电压外环:直流侧电压 E_{dc} 与直流侧指令电压 E_{dcref} 进行比较,其差值经过 PI 调节器,输出 d 轴参考电流 i_{dref};电流内环:将网侧实测 d 轴电流 i_{d} 与外环得到的 d 轴参考电流 i_{dref} 进行比较,其差值经过 PI 调节器后再进行解耦,可得 d 轴电压调制信号 u_{dref};将网侧实测 q 轴电流 i_{q} 与 q 轴参考电流 i_{qref} 进行比较,差值经过 PI 调节器后再进行解耦,可得 q 轴电压调制信号 u_{qref}。经过内环所得到的 u_{qref} 和 u_{dref} 经过 abc/dq0 逆变换得到 u_{aref}、u_{bref} 和 u_{cref} 电压调制波信号,传送给逆变器,完成整个控制环作用。

二维码 5-4
双馈风力发
电系统仿真
模型建立

5.2.3   双馈风力发电系统仿真模型

仿真模型的建立过程扫描二维码 5-4 观看视频。

视频中的双馈风机相关参数如表 5-1~表 5-3 所示:双馈风机额定电压为 0.69kV,额定功率为 5.0MVA。定转子绕线比为 0.3。风机经过变比为 0.69kV/33kV 的升压变和变比为 33kV/110kV 的升压变并入大电网。

表 5-1   **DFIG 并网系统风机参数**

参数名称	单位	数值
额定机械功率	MW	5
额定风速	m/s	11
叶轮半径	m	40
空气密度	—	1.225

表 5-2　　　　　　　　　**DFIG 并网系统双馈感应电机主要参数**

参数名称	单位	数值
额定功率	MVA	5
额定线电压	kV	0.69
额定同步角速度	rad/s	314.159 2
定子绕组电阻	p.u.	0.005 4
转子绕组电阻	p.u.	0.006 07
定子绕组电感	p.u.	0.10
转子绕组电感	p.u.	0.11
电机励磁电感	p.u.	4.5

表 5-3　　　　　　　　　**DFIG 并网系统网侧参数主要参数**

参数名称	单位	数值
电网电压等级	kV	110
变压器 1 变比	kV	0.69/33
变压器 2 变比	kV	33/110
滤波电感	H	0.000 134
直流稳压电容	uF	50 000

5.2.4　仿真分析

1. 阵风

对该算例系统进行仿真时采用的是阵风：基本风为 9m/s，阵风最起始时刻为 8s，持续 4s，其风速的变化曲线如图 5-25 所描述，可见风速最大值为 11m/s。

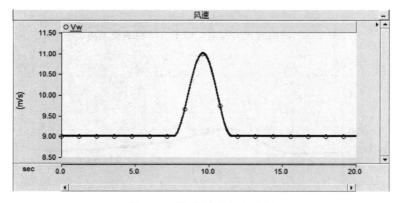

图 5-25　阵风风速变化过程

图 5-26～图 5-29 分别为阵风时风力发电厂输出电压、电流、有功无功功率以及转子转速波形。

图 5-26　阵风时风力发电厂输出电压

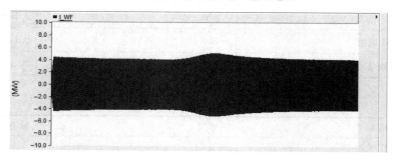

图 5-27　阵风时风力发电厂输出电流

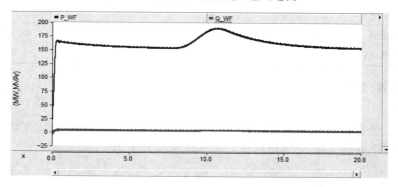

图 5-28　阵风时风力发电厂输出有功功率及无功功率

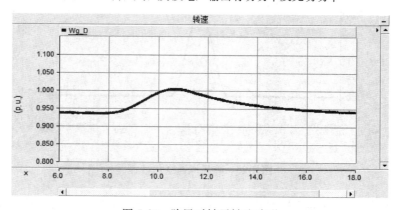

图 5-29　阵风时转子转速波形

　　从图 5-30 中可以看出，因为风速一直没有超过额定风速，所以其桨距角控制系统为保证最大限度地捕获风能，将会一直保持其桨距角 β 为 0°。从图 5-31 和图 5-32 中可以看出，当风速恒定时，风机的叶尖速比 λ 维持在最佳叶尖速比上，风能转换系数 C_p 亦维持在最大风能转换系数，受到阵风干扰时，叶尖速比和风能转换系数都会有微小波动，阵风结束后，迅速恢复。从图 5-33～图 5-35 可以看出，风机输出的机械功率其曲线变化趋势与风速变化基本一致，阵风干扰时，由于风能转换系数 C_p 变化很小，且基本上维持在最大风能系数上，实现了最大风能捕获。风力机输出机械转矩 T_m、风力机输出功率以及风力发电机转速跟风速的变化情况相吻合。双馈风力发电机在稳态运行时受到风速变化的干扰即加入阵风之后，其输出的无功功率和有功功率会依据风速的变化而进行相应的调节。无功功率调节使得机端电压的波动维持在允许的范围之内，有功功率调节使得风机能够实现最大风能捕获。因此从上述仿真得出的双馈风力发电机运行特性波形中，我们可以发现双馈风力发电机对风速的波动具有一定的适应能力，同时表明了本文建立的双馈风力发电机模型的正确性。

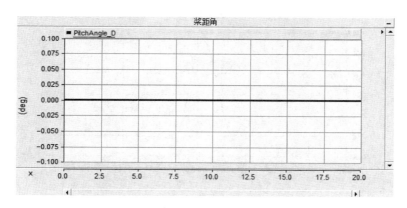

图 5-30　阵风时桨距角 β 的变化曲线

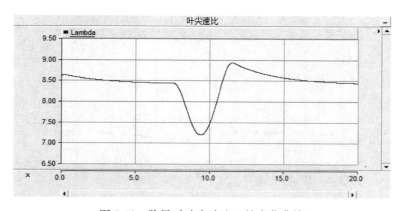

图 5-31　阵风时叶尖速比 λ 的变化曲线

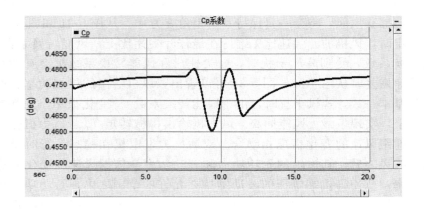

图 5-32　阵风时风能转换系数 C_p 的变化曲线

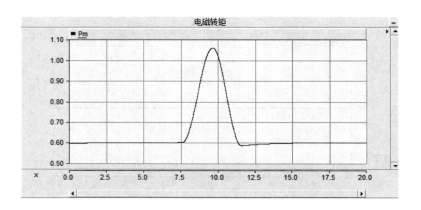

图 5-33　阵风时电磁转矩 P_m 的变化曲线

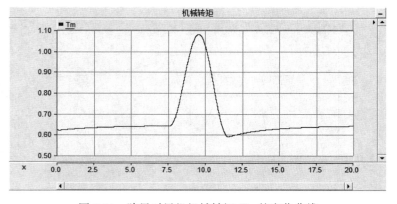

图 5-34　阵风时风机机械转矩 T_m 的变化曲线

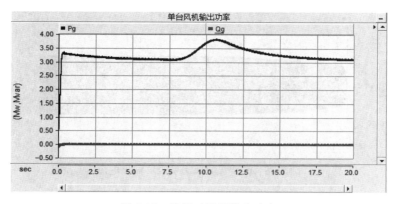

图 5-35　阵风时风机输出功率

2. 渐变风

该算例采用渐变风进行仿真：0～6s 时，风速 V_w 在 11m/s 不变；6～8s 时风速渐变上升至 14m/s，风速维持 14m/s 不变。图 5-36 为该系统中风速变化曲线。图 5-37～图 5-40 为渐变风时风力发电厂输出电压、输出电流、有功功率、无功功率和转子转速波形。

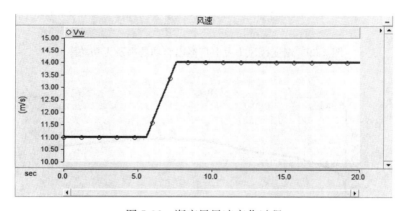

图 5-36　渐变风风速变化过程

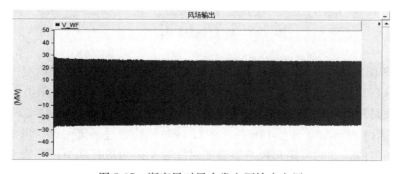

图 5-37　渐变风时风力发电厂输出电压

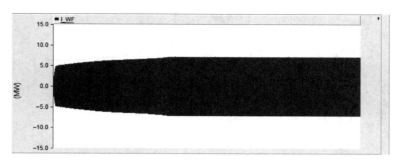

图 5-38　渐变风时风力发电厂输出电流

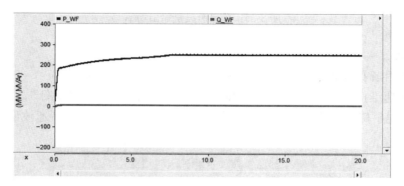

图 5-39　渐变风风力发电厂输出有功功率及无功功率

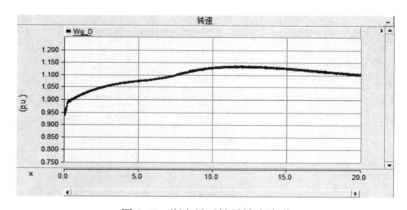

图 5-40　渐变风时转子转速波形

　　从图 5-41 和图 5-42 中可以看出：在 0~6s 时，风速为 11m/s 处于额定风速以下，桨距角 β 可一直维持在 0°，而风力机的叶尖速比 λ 经过大约 2.5s 时间的波动可跟踪到最佳叶尖速比并稳定，此时风能利用系数 C_p 维持在最大风能利用系数 C_{pmax}，即实现了最大风能捕获；6~8s，风速由 11m/s 渐升至 14m/s，在 6.4s 时风速超过额定风速，风机输出的机械功率将要超过其额定值，此时桨距角控制器将要对叶轮桨距角进行调节，但由于风速仍然在上升过程且电机的机械惯性作用，叶尖速比不能及时跟踪最佳叶尖速比，直到 8s 后风速稳定在 14m/s 时，风机输出的机械功率因桨距角控制作用将下降，约经过 4.5~12.5s 时，稳定在其额定值上，此时，桨距角 β 值为 12°，叶尖速比 λ 跟踪到最佳叶尖速比，对应的 C_p 值为该桨距角下的最大风能利用系数 C_{pmax}，从而亦实现了最大风能捕获。

图 5-43～图 5-46 为渐变风时电磁转矩 P_m、风力机机械转矩 T_m、输出功率波形的变化曲线，从中可以看出，在 6s 风速发生变化后，随着桨距角的变化，风能利用系数 C_p 无法保持最大风能利用系数开始下降，风机机械转矩，电磁转矩都开始上升，单台风机输出功率也随之上升，在 7.5s 时达到额定输出功率。

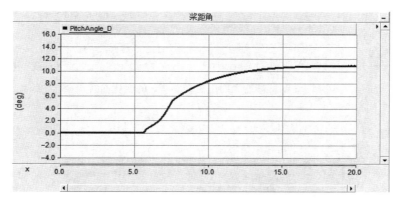

图 5-41 渐变风时桨距角 β 的变化曲线

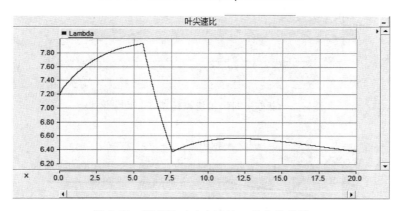

图 5-42 渐变风时叶尖速比 λ 的变化曲线

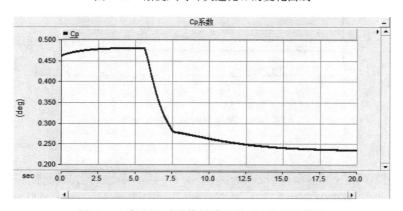

图 5-43 渐变风时风能转换系数 C_p 的变化曲线

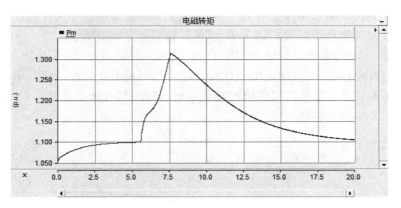

图 5-44　渐变风时电磁转矩 P_m 的变化曲线

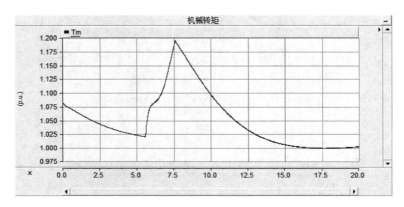

图 5-45　渐变风时风机机械转矩 T_m 的变化曲线

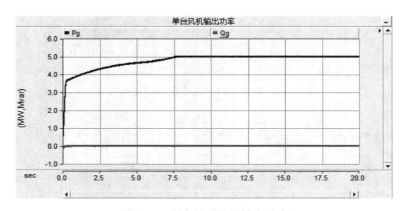

图 5-46　渐变风时风机输出功率

3. 故障运行

该算例采用恒风进行仿真，恒风风速为 13m/s，其风速的变化曲线将故障类型设置为典型的三相短路，故障发生时刻为 4.5s，故障持续时间定为 0.5s，仿真结果如图 5-47～图 5-50 所示，分别示出了电网侧时的电压、电流以及有功、无功的波形。

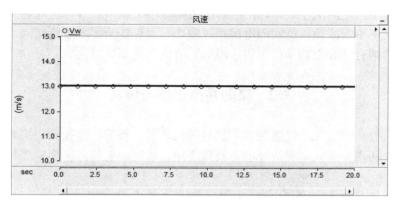

图 5-47　恒风风速变化曲线

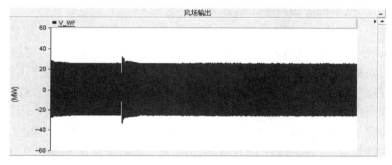

图 5-48　双馈风机三相短路故障时输出电压

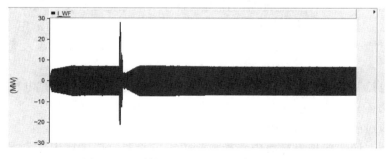

图 5-49　双馈风机三相短路故障时输出电流

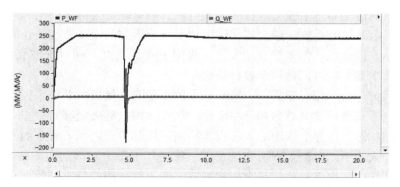

图 5-50　双馈风机三相短路故障时输出有功功率以及无功功率

仿真分析得出：电网侧在故障切入之后电流瞬间增大很多，故障切除之后会逐渐衰减到稳定值附近，上下小幅波动；电网侧电压在故障切入之后变为零，故障切除之后基本恢复至稳态运行；电网侧有功和无功功率也均是降低，故障后逐渐恢复正常。

5.3　微网系统建模与仿真

微网是指由分布式电源、储能装置、能量转换装置、负荷、监控和保护装置等组成的小型发配电系统，实现分布式电源的灵活、高效应用，解决数量庞大、形式多样的分布式电源并网问题。

本节主要以光伏发电系统为主要示例，并结合风力发电以及微型燃气轮机发电介绍 PSCAD 在微网系统中的仿真与应用。

5.3.1　光伏发电系统的组成和工作原理

1. 系统组成

光伏发电系统通常由光伏方阵、蓄电池组（可选）、蓄电池控制器（可选）、逆变器、交流配电柜和太阳跟踪控制系统等设备组成。光伏发电系统各部分设备的作用如下：

（1）光伏方阵又称光伏阵列，是由若干个光伏组件或光伏板按一定方式组装在一起并且具有固定的支撑结构而构成的直流发电单元——在有光照（无论是太阳光，还是其他发光体产生的光照）的情况下，电池吸收光能，电池两端出现异号电荷的积累，即产生"光生电压"。这就是"光生伏特效应"。在光生伏特效应的作用下，太阳电池的两端产生电动势，将光能转换成电能，完成能量转换。

（2）蓄电池组（可选）。蓄电池组的作用是储存太阳电池方阵受光照时发出的电能并可随时向负载供电。太阳电池发电对所用的蓄电池组的基本要求是：①自放电率低；②使用寿命长；③深放电能力强；④充电效率高；⑤少维护或免维护；⑥工作温度范围宽；⑦价格低廉。

（3）蓄电池控制器（可选）。蓄电池控制器是能自动防止蓄电池过充电和过放电的设备。由于蓄电池的循环充放电次数及放电深度是决定蓄电池使用寿命的重要因素，因此能控制蓄电池组过充电或过放电的蓄电池控制器是必不可少的设备。

（4）逆变器。逆变器是将直流电转换成交流电的设备。当太阳电池和蓄电池是直流电源，而负载是交流负载时，逆变器是必不可少的。按逆变器运行方式，可分为离网逆变器和并网逆变器。离网逆变器用于独立运行的太阳电池发电系统，为负载供电。并网逆变器用于并网运行的太阳电池发电系统。逆变器按输出波形可分为方波逆变器和正弦波逆变器方波逆变器的电路简单，造价低，但谐波分量大，一般用于几百瓦以下和对谐波要求不高的系统。正弦波逆变器成本高，但可以适用于各种负载。

（5）跟踪系统。由于相对于某一个特定地点的太阳能光伏发电系统来说，一年四季、每天日升日落，太阳光照角度时时刻刻都在变化，只有太阳电池板能够时刻正对太阳，发电效率才会达到最佳状态。世界上通用的太阳跟踪控制系统都需要根据安放点的经纬度等信息计算一年中的每一天的不同时刻太阳所在的角度，将一年中每个时刻的太阳位置存储到 PLC、单片机或电脑软件中，也就是靠计算太阳位置以实现跟踪采用的是电脑数据理论。需要地球经纬度地区的数据和设定，一旦安装，就不便移动或装拆，每次移动完就必须重新设定数据和调整各个参数。

2. 工作原理

光伏发电系统所必需的环节即光伏电池，由半导体二极管构成，单个电池是光伏电池发生光电转换的最基础单元，但实际工程不单独使用，而是串并联多组光伏单个电池，进行多重组装后使用。而光伏组件的稳定与否会直接影响光伏系统性能的好坏，下面介绍光伏电池及组件的工作原理。

光电转换原理是：太阳光照射在光伏组件上之后，组件中的电子吸收太阳能，达到禁带能量时就会从绝缘带跳到导带，吸收能量越高可以跨越的能级就越高，当能量足够大时，电子就会摆脱原子核的束缚，成为自由电子；电子所空出来的位置被称为空穴，两者是一起出现的，叫做自由电子空穴对。继续对光照进行吸收，会继续产生大量新的电子空穴对，这种导电效果能够变好的现象称为光导效应，实现光能转化成电能的目标。由于载流子的相对运动，PN 结会在导体外部形成。进一步电压产生，此时将电场两端连接负荷，就会有电流流过，实现太阳能转化为电能，如图 5-51 所示，这就是"光生伏特效应"。

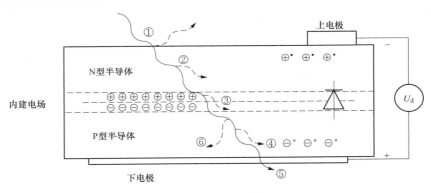

图 5-51　光生伏特效应

在太阳光的照射下，图中：

①表示被反射的光子；

②表示一部分光子在刚进入光伏电池就产生电子-空穴对，但是未到达 P-N 结就被吸收，这种情况会使光伏电池温度升高；

③表示在 P-N 结处被吸收的光子，这些光子是对太阳能光伏发电起作用，产生的非平衡少数载流子在 P-N 结的漂移作用下产生光生电动势；一个光子只能激发一个电子空穴对；

当光伏电池上电极和下电极接入负载后，主要由于光线③的作用，在靠近 P-N 结的光生少数载流子的漂移作用下，空穴向 P 区流动，电子向 N 区流动，形成光生电场。

④表示在距离 P-N 结较远的地方被吸收的光子，激发只有极少部分能产生光生电动势；

⑤透射过光伏电池的光子；

⑥是被光伏电池吸收，但是由于能量小，只能使光伏电池温度升高。

5.3.2　光伏电池等效数学模型

光伏电池的外特性模型主要部分可以看成是一个恒电流源与一个正向二极管的并联回路。光伏电池等效电路如图 5-52 所示。

图中：

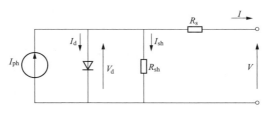

图 5-52 光伏电池的外特性模型

R_{sh} 为光伏电池内部的等效旁路电阻，Ω，主要由光伏电池表面污浊和半导体晶体缺陷引起的漏电流对应的 P-N 结的泄漏电阻和光伏电池边缘的泄漏电阻等组成，理想条件下 $R_{sh} = \infty$；

$$I_{sh} = \frac{V_d}{R_{sh}} \tag{5-20}$$

R_s 为光伏电池内部的等效串联电阻，Ω，主要由光伏电池体电阻、P-N 结扩散横向电阻、电极导体电阻和电极与硅表面的接触电阻以及线路导体组成，理想条件下 $R_s = 0$；

$$I = I_{ph} - I_d - I_{sh} \tag{5-21}$$

I_d 为光伏电池内部暗电流，A，它特指光伏电池在无光照时，在外电压作用下，P-N 结流过的单相电流，光伏电池内部的暗电流反映出在当前环境温度下，光伏电池自身 P-N 结所能产生的总的扩散电流的变化情况；

$$I_d = I_0 \left[\exp\left(\frac{qV_d}{kAT_c}\right) - 1 \right] \tag{5-22}$$

V 为是光伏电池的开路电压，V，与入射光照强度的对数成正比，与环境温度成反比；

$$V_d = V + IR_s \tag{5-23}$$

I_{ph} 为光伏电池的内部光生电流，A，正比于光伏电池受光面积和太阳入射光的幅度照度；

联立方程，设 $R_{sh} = \infty$，$R_s = 0$，可以得到光伏电池简化等效电路的数学模型：

$$\begin{cases} I = I_{ph} - I_d - I_{sh} \\ I_d = I_0 \left[\exp\left(\frac{q \cdot V_D}{kAT_c}\right) - 1 \right] \\ I = I_{ph} - I_0 \left[\exp\left(\frac{q \cdot V_D}{kAT_c}\right) - 1 \right] - \frac{V_D}{R_{sh}} \\ V_D = V + IR_s \end{cases} \rightarrow \begin{cases} I = I_{ph} - I_d - \frac{V_D}{R_{sh}} \approx I_{ph} - I_d \\ I = I_{ph} - I_0 \left[\exp\left(\frac{\frac{V + IR_s}{nkT_c}}{q} - 1\right) \right] - \frac{V + IR_s}{R_{sh}} \\ P = VI = VI_{ph} - VI_0 \left[\exp\left(\frac{qV}{kAT_c}\right) - 1 \right] \end{cases}$$

$$\tag{5-24}$$

式中其他参数：I 为输出电流，A；I_0 为饱和电流，A；q 为单位电子常量；A 为 P-N 结曲线系数；k 为玻尔兹曼常数，1.38065×10^{-23} J/K；T_c 为电池温度，℃。

把太阳电池正负极短路时，输出电流称为短路电流 I_{sc}；把太阳电池正负极开短路（无负载），两极间的电压称为开路电压 U_{oc}；当等功率线与光伏电池输出曲线相切时，该点为光伏电池的最大功率点 M；从原点引出交于 M 点的直线被称为最佳负载线，$R_L = Rm$。光伏电池 I-V 曲线如图 5-53 所示。

曲线上对应的点 M 称为该太阳电池的最佳工作点，即最大功率点，有且只有一个。在最大功率点右侧，光伏电池输出特性可视为恒压源，即输出电流在较大范围内变化时，输出电压变化范围不大，具有明显的低内阻特性。而在最大功率点左侧，光伏电池可近似为恒流源，具有明显的高阻特性。光伏电池的 P-V 曲线如图 5-54 所示。

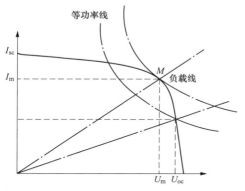

图 5-53　光伏电池 I-V 曲线

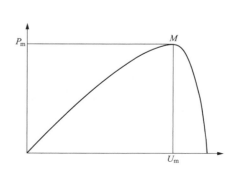

图 5-54　光伏电池 P-V 曲线

5.3.3　光伏发电遮阴建模与仿真

1. 光伏发电遮阴模型的建立

此案例是用来说明在一个由 11 个模块串联的光伏阵列中，单个模块的遮阳效果。其中 PVarray1 代表阵列中的一个光伏模块，PVarray2 代表阵列中剩余的 10 个光伏组件。使用滑块减少对 PVarray1 的辐射，以模拟单个电池的遮光达到所需效果。在无特定要求情况下保持连接旁路二极管的断路器打开（即没有安装旁路二极管）。光伏发电遮阴模型如图 5-55 所示，具体建模过程可扫描二维码 5-5 观看。

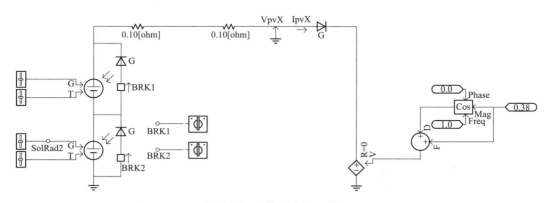

图 5-55　光伏发电遮阴模型

2. 仿真结果分析

（1）无阴影遮挡时仿真情况。光伏阵列 1 和 2 的温度都设置为 50℃，光照强度分别设置为 500W/m² 和 800W/m² 时得到的输出 I-V（蓝色）和 P-V（绿色）曲线如图 5-56 所示。

为了研究温度对光伏输出特性的影响，光伏阵列 1 和 2 的温度都设置

二维码 5-5
光伏发电遮
阴模型建立

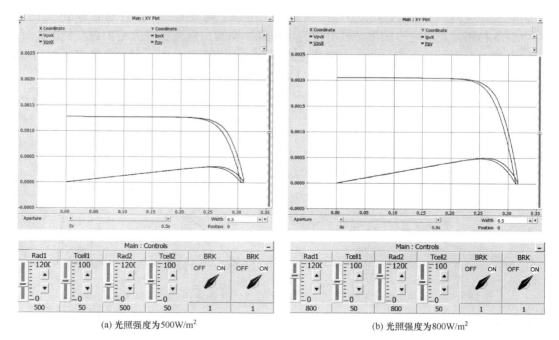

(a) 光照强度为500W/m²   (b) 光照强度为800W/m²

图 5-56   50℃下改变光照强度的光伏电池仿真输出波形

70℃，光照强度分别设置为 500W/m² 和 800W/m² 时得到的输出 I-V（蓝色）和 P-V（绿色）曲线如图 5-57 所示。

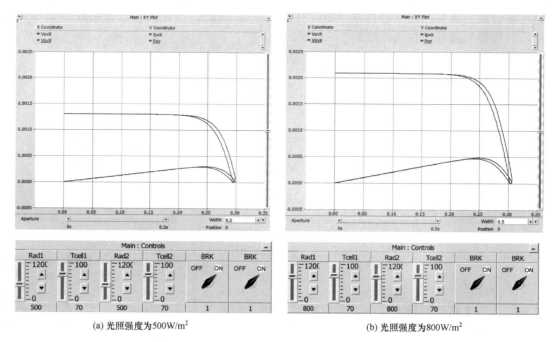

(a) 光照强度为500W/m²   (b) 光照强度为800W/m²

图 5-57   70℃下改变光照强度的光伏电池仿真输出波形

从图 5-56 和图 5-57 可知，在电池温度一定的情况下，光伏电池的输出特性具有如下特性：①输出短路电流与光照强度呈现正相关关系；②光照强度的变化会引起光伏电池最大功率点的改变，具体规律表现为光照越大最大功率点越上移。在太阳光照强度一定的条件下，温度发生变化时光伏电池的输出特性：①温度对光伏电池的输出短路电流影响不大，温度上升时，输出短路电流略有增加，但开路电压随着温度增加而减小；②光伏电池输出的最大功率点随电池温度的上升而下降。

（2）有阴影遮挡时仿真情况。有无阴影遮挡影响的是光照强度，设置两组阵列的温度都为 50℃，阵列 2 的光照强度是 $800\mathrm{W/m^2}$，阵列 1 的光照强度分别为阵列 2 的 60% 和 80%，同时保持两个阵列的旁路二极管不投入。得到下列几组光伏输出 I-V（蓝色）和 P-V（绿色）曲线分别如图 5-58 所示。

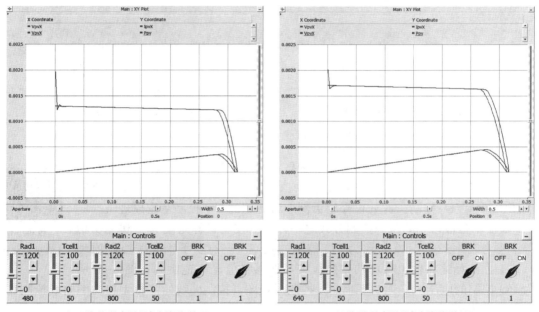

(a) 阵列1的光照强度为阵列2的60%　　　　　　(b) 阵列1的光照强度为阵列2的80%

图 5-58　50℃下改变阴影遮挡的光伏电池仿真输出波形（无旁路二极管）

（3）有阴影有旁路二极管参与时仿真情况。设置阵列温度为 50℃，阵列 2 的光照强度是 $800\mathrm{W/m^2}$，阵列 1 的光照强度为阵列 2 的 60% 和 80%，同时保持两个旁路二极管投入，得到光伏输出 I-V（蓝色）和 P-V（绿色）曲线如图 5-59 所示。

图 5-58 和图 5-59 是在同等条件下，有无旁路二极管情况下的输出特性曲线。在有旁路二极管的条件下，阵列的短路电流和输出功率均比无旁路二极管时大，说明同时有阴影遮挡的情况下，旁路二极管起到了一定的作用。其主要原因是无旁路二极管时被遮挡的阵列将出现反向电压，从而消耗了功率，导致输出功率变小。

5.3.4　含光伏、风电、微型燃气轮机的微网系统建模与仿真

1. 微网模型建立

此案例是用来说明使用恒功率控制一个含光伏、风电、微型燃气轮机的微网模型，建模过程可扫描二维码 5-6 进行学习。

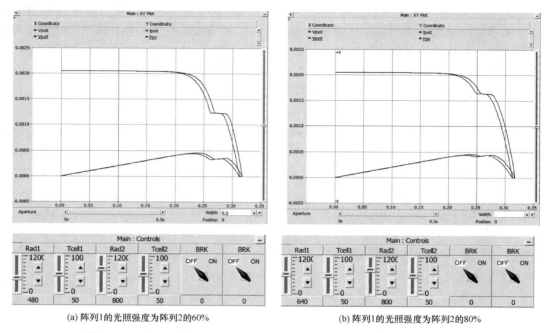

(a) 阵列1的光照强度为阵列2的60%   (b) 阵列1的光照强度为阵列2的80%

图 5-59   50℃下改变阴影遮挡的光伏电池仿真输出波形（有旁路二极管）

（1）微网控制策略。微网的控制策略是在微源控制技术的基础上形成的。典型的微源接口逆变器控制方法有恒功率（PQ）控制、下垂（Droop）控制和恒压恒频（Vf）控制。此处仅介绍示例中所使用的 PQ 控制基本原理。

二维码 5-6
微网模型建立

PQ 控制是最常见的微源控制方式之一，它的控制目标是使有功和无功功率等于参考功率。图 5-60 所示为 PQ 控制的频率——有功下垂曲线控制原理图，控制曲线始终将输出有功功率曲线控制在参考值允许范围内；图 5-61 所示为 PQ 控制的电压——无功下垂曲线控制原理图，控制曲线始终将无功功率曲线控制在参考值允许范围内。

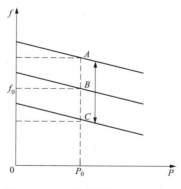

图 5-60   PQ 控制的频率——有功
下垂曲线控制原理图

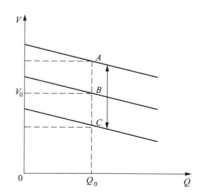

图 5-61   PQ 控制的电压——无功
下垂曲线控制原理图

当系统频率、微源出口电压均为额定值时，微源运行于 B 点，此时系统输出有功功率

为 P_0，无功功率为 Q_0。当系统的压频任何一方增大时，微源逆变器输出将由 B 点向 A 点移动，输出的有功功率和无功功率不变；当系统的压频任何一方减小时，微源逆变器输出将由 B 点向 C 点移动，输出的有功功率和无功功率依然不变。

微电源采取恒功率控制时，要求微电源的输出功率（包括有功 P_0，和无功 Q_0）与给定的功率值保持一致。恒功率控制模式一般应用在只向系统提供功率而无需存储的微电源，如光伏发电、微型燃气轮机等，它们在系统中作为功率源，为负荷提供能量，不吸收能量，也不能调节系统的能量。对于光伏发电微电源，光照和温度等因素对其影响较大，其输出功率会有一定的波动性，此时如若需要对系统的能量进行调节，则需要配置相应的储能装置。可以看出恒功率控制的微电源控制目标是对可再生能源的最大利用，因此，它的功率设定值往往取为理论最大功率输出点。

微网采取恒功率控制时，在结构上采用功率外环、电流内环的双闭环控制模式，由功率设定值与微电源输出功率的负反馈经 PI 环节得到电流值的设定值。图 5-62 为恒功率控制结构。

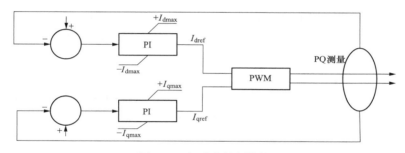

图 5-62　恒功率控制结构

图 5-62 中 P_{ref}、Q_{ref} 为功率的给定值，作为外环的输入。P_0、Q_0 是经过测量得到的功率输出值。I_{dref} 和 I_{qref} 是经过外环调节器得到的 dq 坐标系下的电流参考值，在电流环设置了限流，限定的电流值均取为 $\sqrt{2}$ 倍额定电流，则相电流不会超过 2 倍额定电流。

给定 PQ 控制参数为滤波电感 $L=0.5\text{mH}$，滤波电容 $C=16\text{uF}$，线路等效电阻 $R=0.005\Omega$。此处使用的逆变器电路的基准电压为 1kV，基准容量为 60kW，故该逆变器给定有功功率 $P_{ref}=0.75\times60=45\text{kw}$，给定无功功率，$Q_{ref}=0.5\times60=30\text{kvar}$，外环 $K_p=50$，$T_i=0.5$，内环 $K_p=5$，$T_i=0.1$。电压调制方式采取 SPWM 调制，载波频率为 $f_n=2000\text{Hz}$。以下光伏发电模型、风力发电模型、燃气轮机发电模型的逆变器控制均使用此参数。

（2）光伏发电模型。具体工作原理在上文已经介绍，此处直接给出模型如图 5-63 所示，给定光伏发电模型的参数为设定温度 19.6℃，光照强度 1120.83lx，滑块参数如图 5-64 所示。

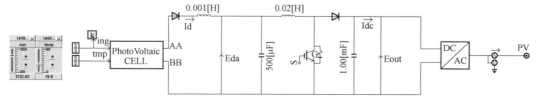

图 5-63　光伏发电模型主电路

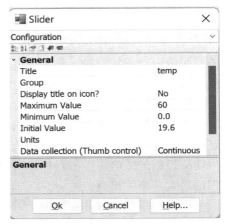

图 5-64　滑块参数

　　该模型将光伏发电所产生的直流电能逆变成交流电后并入电网中，控制器控制光伏板的最大功率追踪点、逆变器并网的功率和电流的波形，从而使向电网输送的功率与光伏阵列模块所发出的最大功率相平衡。

　　MPPT 的控制过程是一种目标最优化的计算过程，主要方法有固定电压法、增加电导法、扰动观察法及模糊控制。此处使用了增加电导法，其控制核心是通过判断 $\mathrm{d}P/\mathrm{d}V$ 的方向进行最大功率点跟踪控制。当光伏系统工作于最大工作点时，有 $\mathrm{d}P/\mathrm{d}V=0$，由此可推导出公式：

$$\begin{cases} \dfrac{\mathrm{d}I}{\mathrm{d}V}=-\dfrac{I}{V} \\ \dfrac{\mathrm{d}P}{\mathrm{d}V}=I+V\dfrac{\mathrm{d}I}{\mathrm{d}V}=0 \end{cases} \tag{5-25}$$

MPPT 控制仿真模块如图 5-65 所示。

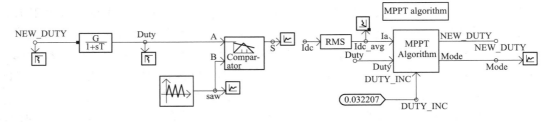

图 5-65　MMPT 控制模型

　　需要注意的是上述模型中的 Photovoltaic CELL 以及 MPPT Algorithm 元件是自定义完成，具体自定义元件以及调用外部 Fortran 子程序的方法可参照第 3 章所述，所使用的子程序将在附录中给出。

　　（3）风力发电机模型。风电在并网运行中已得到大规模应用，而且发展迅速。风力发电机（WT）的电能来自对风能的利用，首先是风带动风电机组的叶片转动产生动能，机械驱动系统再将动能转换为机械能送给发电机，发电机最终将磁场能转化成电能。

由动力学理论可知风轮机的输出功率为

$$P_{WT} = \frac{1}{2}\rho \cdot \pi R_{WT}^2 \cdot v^3 \cdot C_p \tag{5-26}$$

其中，ρ 为空气密度，kg/m^3；R_{WT} 为风机叶片的半径长度，m；πR_{WT}^2 为风机叶片的扫略面积，m/kW；v 为风速，m/s；C_p 为风能利用系数。

小型风力发电系统中发电机的种类并不是很多，其中永磁发电机在日渐发展中逐渐受到重视。横向比较而言，永磁电机价格低廉、灵巧便利、构成不烦琐、可使用周期长、可靠性也不输同功率电机。所以，永磁机驱动的风电系统拥有很多优点，比如效率高、环境噪声小、转速低等。通过全功率变流器的帮助，永磁发电机能接入电网，控制起来灵活多变，能实现变速恒频运行，所以永磁直驱风电系统发展前景大好。

根据式（5-26）选取风机参数 R_{WT} 为 10m，空气密度 ρ 为 $1.225kg/m^3$，风速 v 为 8m/s，风能利用系数 C_p 为 0.48，风机额定功率为 50kW，图 5-66 为风力发电机的接口类型，建立风机模型如图 5-67 所示。

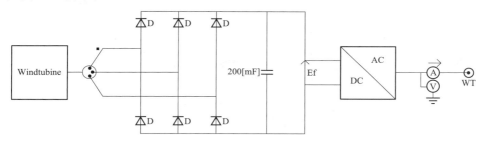

图 5-66　风力机逆变器接口类型

（4）燃气轮机模型。本文所涉及的微型燃气轮机其实是指一种微型燃气轮机发电系统，其动力源是微型燃气轮机。微型燃气轮机本身可以将热能转化成机械能，构成部件主要有压缩机、回热器、透平转子、发电机等。

微型燃气轮机与常规燃机有很多不同的地方，比如两者构成的差别以及在实际应用中的差别。

1）微型燃气轮机结构紧凑、单级单轴，发电机、透平叶轮、压缩机叶轮均在同一根轴上。

2）采用空气轴承技术，没有摩擦，自然空气冷却，不需要润滑系统、散热器、冷却器和泵，使用寿命长。

3）透平转子是微型燃气轮机中唯一的运动组件。

4）微型燃气轮机的燃料选择面比较大，天然气、沼气等均适用。

微型燃气轮机对空气加热后使其进入燃烧器与燃料进行燃烧，产生高温高压气体，用来带动透平转子运动。透平转子转动后可以带动永磁机发电，永磁机发出的电能经过一系列转换后变为高质量电能供给负荷使用。回热器是微型燃气轮机中不可或缺的设备，燃机内部高温气体通过回热器排放出去，回热器利用烟气余热与空气对流进行预热处理，预热处理使得燃机内始终保持一定的温度，而不是从零开始升温，这就显著提高了微型燃气轮机的效率。一般情况下，微型燃气轮机的发电效率都能达到三成左右，充分实现冷热电联产后，微型燃气轮机效率将大幅提升。如图 5-68 所示，在装上热交换器后便可使其持续回收剩余的高温热量，进一步提升系统的性能。

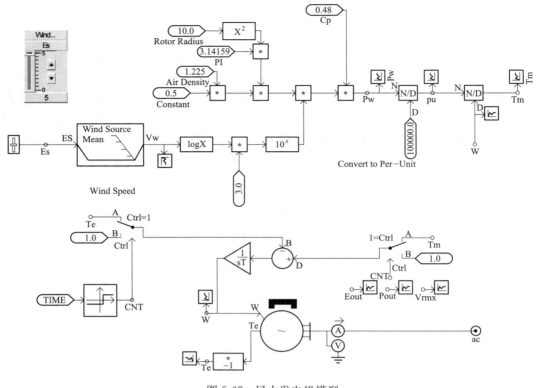

图 5-67　风力发电机模型

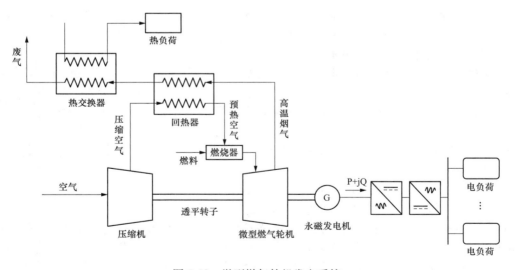

图 5-68　微型燃气轮机发电系统

图 5-69 中，ω_r^* 和 ω_r 分别为发电机的参考转速和实际转速，r/s；f_1 为排气温度函数，f_2 为涡轮转矩输出函数，数学表达式见式（5-27），式中 T_R 为排气温度的参考值，℃；W_f 为燃料的流量信号。

$$\begin{cases} f_1 = T_R - 700(1 - W_f) + 550(1 - \omega_r) \\ f_2 = 1.3(W_f - 0.23) + 0.5(1 - \omega_r) \end{cases} \tag{5-27}$$

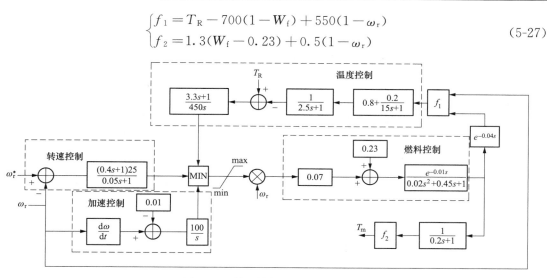

图 5-69　微型燃气轮机控制框图

1）转速控制。转速控制模型表现为一比例惯性环节，该环节的输入为和的差值，输出为该差值的比例值，经最小值选择后作为燃料控制的输入信号。

2）加速控制。加速控制的目的是通过限制转速的变化率来减轻微型燃气轮机高温燃气通道的热冲击，转速经微分环节后得到加速度，再与加速度的给定值 0.01 做差，差值经积分环节后再经最小值选择作为燃料控制的输入信号。

3）温度控制。温度控制是通过限制燃料的输入量来保证系统的温度不超过额定值。控制过程是排气口的输出温度先后经过辐射屏蔽环节和热电偶温度测量环节，得到排气温度的实际值，再与参考值做差，差值经过一个 PI 环节再通过最小值选择后作为燃料控制的输入信号。

4）燃料控制。燃料控制的输入信号为转速控制、加速控制和温度控制三部分输出量的最小值，该输入信号与转速相乘得到实际燃料流量信号。选取 23% 的额定燃料量作为微型燃气轮机自身的消耗，输入的燃料流量信号加上自身损耗的燃料量，再经过速比环节和燃料控制环节后得到最终的微型燃气轮机的输入燃料流量信号。

微型燃气轮机的逆变器结构类型如图 5-70 所示，其逆变器接口控制模块和光伏发电所用模块相同，均为 PQ 控制。

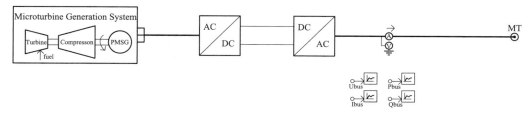

图 5-70　微型燃气轮机逆变器结构类型

根据以上控制框图建立微型燃气轮机模型，如图 5-71 所示。

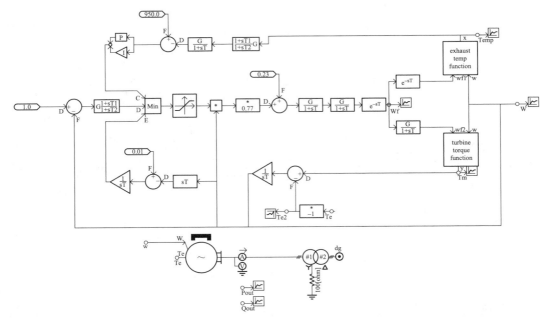

图 5-71　微型燃气轮机模型

AC-DC 模型如图 5-72 所示。

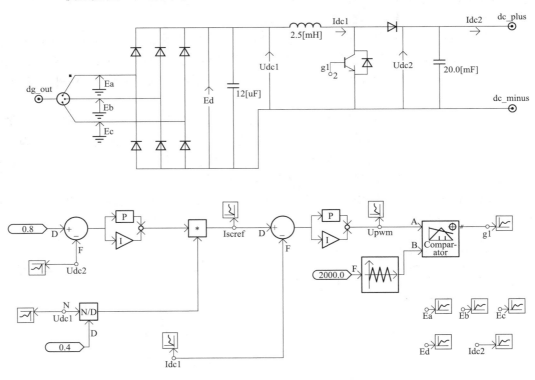

图 5-72　AC-DC 模型

需要注意的是上述模型中的 exhaust temp fuction 以及 turbine torque fuction 元件是自定义完成，具体自定义元件的方法可参照第 3 章所述，所使用的脚本程序将在附录中给出。

（5）微网系统仿真模型。根据微网的系统结构，搭建如图 5-73 所示的微网系统仿真模型，所用微源均为上文所述模型，所带负载模型如图 5-74 所示。

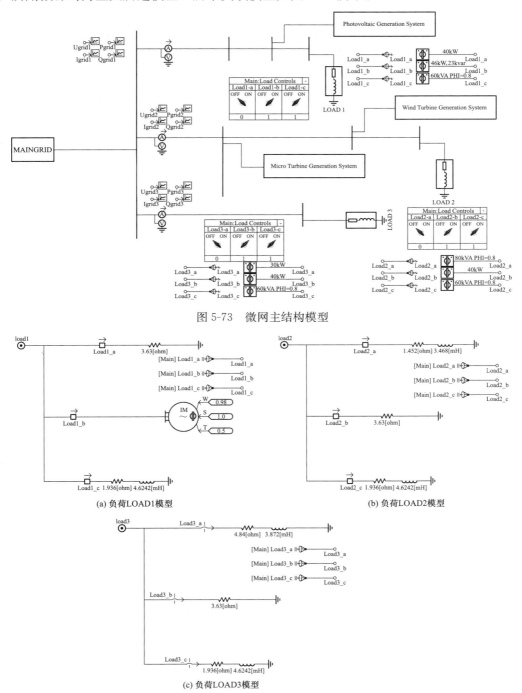

图 5-73　微网主结构模型

(a) 负荷LOAD1模型　　　　　　　　　　　　　(b) 负荷LOAD2模型

(c) 负荷LOAD3模型

图 5-74　负荷 LOAD 模型

　　给定负荷 LOAD1 的参数：其中纯电阻负荷的额定有功功率为 40kW；鼠笼式感应电机的额定有功功率为 46kW，额定无功功率为 23kvar；阻感负载额定功率因数为 0.8，额定有功功率为 50kW；其余参数如模型图 5-74（a）所示。

　　给定负荷 LOAD2 的参数：为阻感负载，额定功率因数均为 0.8，额定有功功率为 80kW；其余参数如模型图 5-74（b）所示。

　　给定负荷 LOAD3 的参数：为阻感负载，额定功率因数均为 0.8，额定有功功率为 30kW；其余参数如模型图 5-74（c）所示。

　　2. 仿真结果分析

　　利用图 5-73 所示的微电网模型进行仿真，以下仿真所用到的微源参数均在上文中展示。

　　（1）仅光伏发电部分并网仿真。令仿真时间为 $t=5$s，仿真步长 $\Delta t=25$us，仅光伏发电部分和电网并网带负载 LOAD1 运行，可以得到如图 5-75～图 5-77 所示的电压波形、电压有效值波形和有功功率波形。

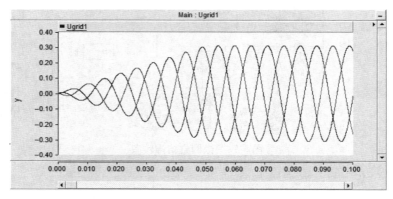

图 5-75　光伏并网电压波形

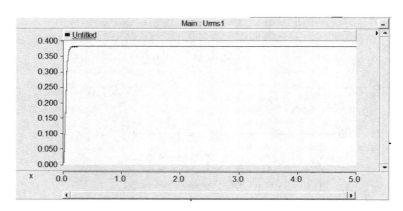

图 5-76　光伏并网电压有效波形

　　如图 5-75 所示，可以看到光伏发电部分单独带上负荷运行后，输出的三相电压波形对称幅值为 311V，输出的线电压有效值为 380V（见图 5-76），输出功率最低为 60kW（见图 5-77），能够满足系统的要求。

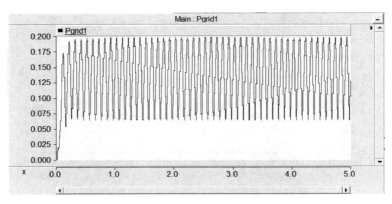

图 5-77　光伏并网有功功率波形

（2）仅风力发电和微型燃气轮机部分并网仿真。令仿真时间为 $t=5\mathrm{s}$，仿真步长 $\Delta t=25\mathrm{us}$，仅风力发电和微型燃气轮机部分与电网并网带负载 LOAD2 运行，可以得到如图 5-78～图 5-80 所示的电压波形、电压有效值波形和功率波形。

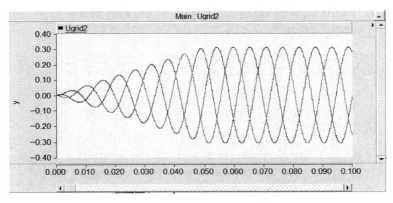

图 5-78　风电、微型燃气轮机并网电压波形

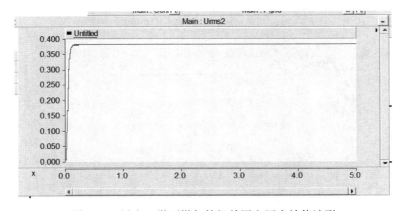

图 5-79　风电、微型燃气轮机并网电压有效值波形

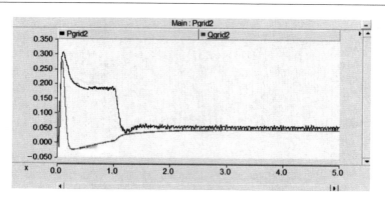

图 5-80　风电、微型燃气轮机并网功率波形

如图 5-78～图 5-80 所示，可以看到风力发电和微型燃气轮机发电带上负荷单独运行时，系统电压在 0.05s 后到稳定，输出的相电压三相对称且为峰值为 311V，输出的线电压有效值为 380V，可知系统正常运行时，电压的幅值能够达到运行的要求。在图中可以看到有功功率维持在 60kW，无功功率维持在 45kvar，此时风力发电和微型燃气轮机部分能够带上负荷正常运行。

（3）所有微源并网仿真。令仿真时间为 $t=5$s，仿真步长 $\Delta t=25$us，所有微源与电网并网带负载 LOAD1、LOAD2、LOAD3 共同运行，可以得到如图 5-81～图 5-83 所示的电压波形、电压有效值波形和功率波形。

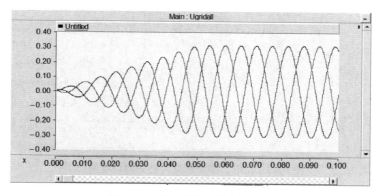

图 5-81　所有微源并网电压波形

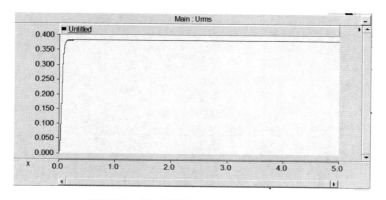

图 5-82　所有微源并网电压有效值波形

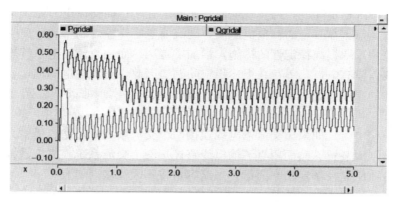

图 5-83　所有微源并网功率波形

如图 5-81～图 5-83 所示，微网并网运行时，经过 1s 的时间，系统功率趋于稳定，此时，微网从主网吸收 30kW 的有功功率，微网向主网输送 10kvar 的无功功率，虽然整个系统产生小的波动，但依旧能稳定运行。

5.4　高压直流输电系统建模与仿真

本节将介绍如何利用 PSCAD 进行高压直流输电技术相关内容的建模，主要介绍基于电压源换流器高压直流输电系统的建模与仿真。

5.4.1　常规高压直流输电系统仿真

1. 概述

在直流输电系统中，送端和受端是交流系统，仅输电环节为直流系统。在输电线路的始端，送端系统的交流电经换流变压器升压后送至整流器。整流器的主要部件是由可控电力电子器件构成的整流阀，其功能是将高压交流电变成高压直流电后送入输电线路。输电线路将直流电送至受端逆变器，逆变器的结构与整流器的相同，而作用刚好相反，它将高压直流电变为高压交流电。再经过换流变压器降压，实现送端系统电能向受端系统输送。在直流输电系统中，通过改变换流器的控制状态，也可将受端系统中的电能送到送端系统中去，即整流器和逆变器是可以互相转换的。

相对于交流输电，高压直流输电在经济方面有如下优点。

（1）线路造价低。对于架空输电线，交流系统需用 3 根导线，而直流一般用 2 根，当采用大地或海水作回路时只要 1 根，能节省大量的线路建设费用。对于电缆，由于绝缘介质的直流强度远高于交流强度，如通常的油浸纸电缆，直流的允许工作电压约为交流的 3 倍，直流电缆的投资少得多，因此直流架空输电线路在线路建设初投资上较交流系统经济。

（2）年电能损失小。直流架空输电线只用两根，导线电阻损耗比交流输电小，无感抗和容抗的无功损耗没有集肤效应，导线的截面利用充分，另外直流架空线路的空间电荷效应使其电晕损耗和无线电干扰都比交流线路小，因此直流架空输电线路在年运行费用上较交流系统经济。

相对于交流输电，高压直流输电在技术方面有如下优点。

（1）不存在系统稳定问题，可实现电网的非同期互联；而交流电力系统中所有的同步发电机都保持同步运行。在一定的输电电压下，交流输电容许输送功率和距离受到网络结构和参数的限制，还须采取提高稳定性的措施，增加了费用。而用直流输电系统连接两个交流系统，由于直流线路没有电抗，不存在上述稳定问题。因此，直流输电的输送容量和距离不受同步运行稳定性的限制；还可连接两个不同频率的系统，实现非同期联网，提高系统的稳定性。

（2）限制短路电流。如果用交流输电线连接两个交流系统，短路容量增大，甚至需要更换断路器或增设限流装置。然而用直流输电线路连接两个交流系统，直流系统的定电流控制将快速把短路电流限制在额定功率附近，短路容量将不因互联而增大。

（3）翻转（功率流动方向的改变）。在正常时能保证稳定输出，在事故情况下，可实现安全系统对故障系统的紧急支援，也能实现振荡阻尼和次同步振荡的抑制。在交流直流线路并列运行时，如果交流线路发生短路，可短暂增大直流输送功率以降低发电机转子加速，提高系统的可靠性。

（4）无电容充电电流。直流线路稳态时无电容电流，沿线电压分布平稳，无空、轻载时交流长线受端及中部发生电压异常升高的现象，也不需要并联电抗补偿。

（5）节省线路走廊。按相同 500kV 电压考虑，一条直流输电线路的走廊约 40m，一条交流线路的走廊约 50m，而前者输送容量约为后者的两倍，即直流传输效率约为交流的两倍。

2. 控制系统基本原理

（1）高压直流输电控制系统分层结构。高压直流输电控制系统根据功能优先级等原则将所有控制环节划分为不同的等级层次。采用分层结构有利于对复杂的高压直流输电控制系统进行分析，提升运行系统维护和操作的灵活性，并降低了单个控制环节发生故障对系统其他环节的影响，增强系统运行的稳定性和安全性。

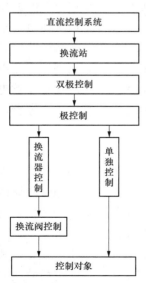

图 5-84　高压直流输电控制系统分层结构

高压直流输电控制系统分层结构如图 5-84 所示，分为系统控制、双极控制、极控制、换流器控制、单独控制以及换流阀控制几部分。

高压直流输电系统控制作用于换流站，换流站通过双极控制环节控制正负两个换流极，每个换流极通过极控制实现正常运行。极控制包括换流器控制及单独控制，换流器控制环节控制换流阀的运行状态实现交直流转换，换流阀控制与单独控制作用于被控对象，如晶闸管、换流变压器等设备。各层的控制作用采用单向传递方式，高层次等级控制低层次等级。

系统控制级是高压直流输电控制系统的最高层次等级，其主要功能为通过通信系统上传直流输电系统运行参数并接收电力系统调度中心运行指令，根据额定功率指令对各直流回路的功率进行调整和分配，以保持系统运行在额定功率范围内，实现潮流反转控制以及功率调制、电流调制、频率控制、阻尼控制等控制方式，当出现故障或特殊情况时还可以进行紧急功率支援控制。

双极控制级的主要功能是同时控制并协调高压直流输电系统的正负极运行，根据系统控制级输出的功率指令计算分配正负极的功率定值并在运行过程中控制功率的传输方向，平衡正负极电流并控制交直流系统的无功功率、交流系统母线电压等。

极控制级根据双极控制系统输出的功率指令计算输出电流值，并将该电流值作为控制指令输出至换流器控制级进行电流控制，控制正极或负极的启动、停运以及故障处理。极控制级还可以实现不同换流站同极之间的电流指令值、交直流系统运行状态、各种参数测量值等信息的通信等。

换流器控制级的主要功能是控制换流器的触发以保持系统正常运行，并根据实际运行要求实现定电流控制、定电压控制等控制方式。换流器是高压直流输电系统实现交直流转换的重要设备，换流器触发控制通过调整换流器触发角控制高压直流输电交直流转换过程，并保证高压直流输电系统输出预期的功率或直流电压，对高压直流输电系统的安全稳定运行具有重要作用。因此换流器触发控制是换流器控制级的核心部分，是高压直流输电控制系统的重要研究内容。

单独控制级的主要功能是控制换流变压器分接头挡位切换以调节换流变压器输出电压，并监测和控制换流单元冷却系统、辅助系统、交直流开关场断路器、滤波器组等设备的投切状态。单独控制级的核心部分是换流变压器分接头控制。换流变压器分接头控制通过调整换流变压器的换流阀侧（简称阀侧）电压，保持高压直流输电系统换流器触发角或直流电压的稳定，提高高压直流输电系统的运行效率。由于换流变压器在高压直流输电系统中起到隔离交直流系统的作用，并对高压直流输电系统的稳定运行具有重要作用，因此换流变压器分接头控制也是高压直流输电控制系统的重要研究内容。

换流阀控制级将换流器控制级输出的触发角信号转换为触发脉冲控制换流器中晶闸管的导通关断，并监测晶闸管等元件的运行状态，生成显示、控制、报警等信号。

根据上述高压直流输电控制系统分层结构的分析可知，换流器触发控制与换流变压器分接头控制是高压直流输电控制系统的核心组成，对高压直流输电系统的稳定运行具有关键性作用。换流器触发控制与换流变压器分接头控制相互配合，保证高压直流输电系统稳定运行及发生故障时控制系统的快速调节作用，改善并提高高压直流输电系统的运行性能及效率。因此，针对换流器触发控制与换流变压器分接头控制进行仿真建模是高压直流输电控制系统的重要研究内容。

（2）换流器触发控制。换流器触发角是高压直流输电控制系统的重要控制量，控制系统通过分别调节整流侧和逆变侧换流器触发角 α 和 β 实现对直流电压及直流电流的控制作用。换流器触发控制方式响应速度很快，调节时间一般为 $1\mathrm{ms} \sim 4\mathrm{ms}$，并且调节范围较大，是高压直流输电系统的主要控制方式。当高压直流输电系统因扰动或故障引起电压电流快速变化时，换流器触发控制发挥快速调节作用使系统恢复正常，当出现特殊情况时，换流器触发控制可以提前将触发角置于预定值以保证系统运行的安全可靠。

换流器触发控制主要由触发角控制、电流控制、电压控制及裕度控制组成。触发角控制包括整流侧最小触发角控制和逆变侧最大触发角控制，电流控制包括电流限制控制和定电流控制，电压控制也称为定电压控制。

1）整流侧最小触发角控制整流器中的多个晶闸管构成换流桥以实现交直流转换，如果系统运行时整流器触发角过小，导致加在晶闸管上的正向电压过低，将会引起晶闸管导通的同时特性变差，影响换流器的正常导通特性，不利于换流过程的稳定。因此需要设定最小触发角控制，以保证换流阀的正常运行。当整流侧交流系统发生故障时，控制系统将减小触发角至最小值以降低故障对直流功率的影响，当交流系统故障清除、电压恢复后，如果触发角过小将会出现过电流引起系统不稳定。因此，要设置合适的最小触发角限制值。

2）逆变侧最大触发角控制为了避免在系统出现特殊情况时，由于控制系统中的控制器超调引起逆变侧触发角过大，导致熄弧角太小发生换相失败，控制系统需要设置逆变侧最大触发角限制控制。

3）电流限制控制为了避免系统发生故障或受到扰动时，直流电流迅速下降至 0 引起系统输送功率中断，控制系统需要设置最小电流限制控制，并且需要考虑系统的过负荷能力、降压运行等特殊运行工况，需设置最大电流限制控制以保证系统安全。

4）定电流控制是换流器的基本控制方式，用于控制直流输电系统的稳态运行电流以及实现直流输送功率、各种直流功率的调节控制以改善交流系统的运行性能。当直流输电系统发生故障时，定电流控制可以快速地限制暂态故障电流以保护晶闸管换流阀和其他设备，保证系统运行的安全性。因此，定电流控制器的暂态和稳态性能对直流输电控制系统性能具有关键性作用。

5）定电压控制是换流器的基本控制方式，用来保持直流电压的稳定并在降压运行状态时调节换流器触发角以保持直流电流恒定。在实际高压直流输电系统中，整流侧采用定电压控制来减小因线路故障或整流器故障引起的过电压对高压直流输电系统运行的影响，逆变侧采用定电压控制来保证直流电压稳定。

6）裕度控制高压直流输电系统正常运行时，整流侧和逆变侧分别通过定电流控制和定电压控制实现对直流电流和直流电压的控制。为了避免整流侧和逆变侧的定电流控制同时作用引起控制系统不稳定，整流侧定电流控制设置的电流整定值要比逆变侧的电流整定值大一个电流裕度。根据实际高压直流输电系统运行经验，电流裕度通常为额定电流值的 10%。同理，为了避免整流侧和逆变侧的定电压控制同时作用，逆变侧定电压控制的电压整定值比整流侧电压整定值小一个电压裕度，电压裕度一般取为直流输电线路的电压降。

（3）换流变压器控制。整流侧和逆变侧的交流系统电势是高压直流输电控制系统的另一重要控制量。高压直流输电控制系统通过调节整流侧和逆变侧换流变压器分接头位置来分别调节整流侧和逆变侧交流系统电势 E' 和 E 的值，实现对高压直流输电系统换流器触发角或直流电压的控制。

换流变压器分接头控制方式响应速度比较缓慢，通常分接头位置调节一次的时间为 3～10s，并且由于变压器的分接头位置以及变压器设备本身的容量等的限制使得换流变压器分接头控制的调节范围较小，因而它是直流输电系统的辅助控制方式。当系统发生快速的暂态变化时将一般由换流器触发控制作用，换流变压器分接头调节不参与调节过程；当系统电压发生较长时间的缓慢变化或由于换流器触发控制调节导致触发角长时间超出额定范围时，换流变压器分接头控制发挥调节作用使系统逐渐恢复正常运行状态。

换流变压器分接头控制主要用于保持换流器触发角或直流电压处于参考值附近，提高高压直流输电系统运行效率并保护换流设备。换流变压器分接头控制分为定角度控制和定电压控制。

1）定角度控制。用于保持换流器触发角处于参考范围内。当整流侧或逆变侧交流系统因发生故障导致交流电压发生变化时，整流侧和逆变侧换流器触发控制将增加或减小触发角以保持直流电压和直流电流稳定。但是整流侧触发角过大将会降低整流器的功率因数，增加无功消耗，触发角过小将引起过电流危害高压直流输电系统的安全；逆变侧触发角过大将会引起逆变侧发生换相失败，触发角过小将导致逆变侧进入整流状态，不利于高压直流输电系统的稳定运行。因此，换流变压器分接头控制检测换流器触发角与参考值之间的误差，当误差值超过一定范围时调整分接头位置，使触发角恢复到参考范围内。

换流变压器分接头控制采用定角度控制方式时，补偿了定电压控制产生的不利影响，但是由于实际电网中功率、电压的调节比较频繁，将会导致分接头动作次数增加。

2）定电压控制。用于保持直流电压处于参考范围内，其基本调节原理与定角度控制类似。检测直流电压与参考电压之间的差值，当差值超过一定范围时，换流变压器分接头控制调节分接头位置以保持直流电压为额定值。

定电压控制方式调节分接头动作次数较少，但是由于定电压控制方式需要保持直流电压恒定，将会导致换流器触发角的调节幅度增大，不利于系统的稳定高效运行。

根据实际高压直流输电工程换流变压器分接头控制的运行情况及换流变压器分接头控制原理的分析，通常整流侧换流变压器分接头控制采用定角度控制，逆变侧换流变压器分接头采用定电压控制，来保证高压直流输电系统的稳定运行并增强控制系统性能。

3. 模型介绍

本示例采用 PSCAD 目录…\ examples \ HVDCCigre 下的自带示例
Cigre＿Benchmark。该模型用于说明常规高压直流输电系统的基本控制
策略以及故障响应特性，具体操作扫描二维码 5-7 进行观看。

二维码 5-7
高压直流输
电系统模型设置

4. 整流侧交流系统故障的仿真

在整流站交流母线上设置三相短路故障，故障过渡电阻 50Ω，1.0s
时发生故障，持续时间 0.2s。图 5-85 所示为直流电压波形，图 5-86 所示为直流电流指令和直流电流波形。

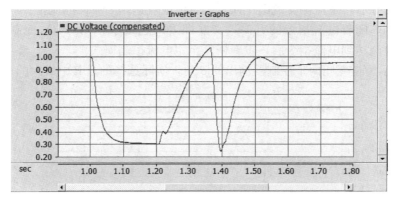

图 5-85　直流电压波形

可以看到，在整流侧交流系统发生短路故障时，直流电压将下降，同时触发低压限流环节，直流电流指令也将下降。

图 5-87 所示为整流侧触发角指令波形。

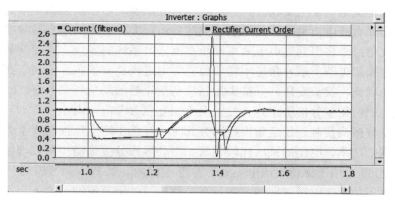

图 5-86　直流电流指令和直流电流波形

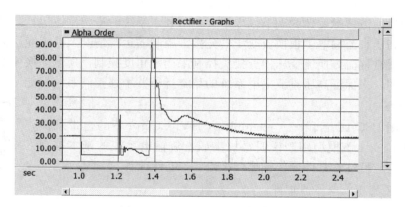

图 5-87　整流侧触发角指令波形

可以看到，发生故障后，整流侧立即进入定最小 α 角（5°）控制，提高整流侧输出直流电压。当故障切除后，整流侧交流电压恢复，直流电流达到当时的电流指令后，整流侧短暂进入定电流控制，随着电流指令的升高，又立即进入定最小 α 角（5°）控制，提升直流电流，直至直流电流达到电流指令后，重新恢复至定电流控制模式。

图 5-88 所示为逆变侧两个控制器输出的 β 角，实际选择的是其中最大的一个。

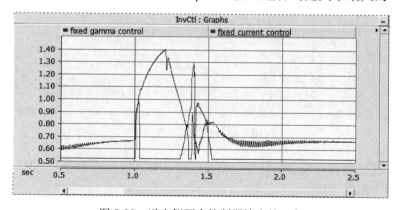

图 5-88　逆变侧两个控制器输出的 β 角

　　可以看到，在故障期间基本采用了定电流控制。通常情况下实际电流总是大于逆变侧电流指令，因此总是采用定 γ 角控制。只有当直流电流小于逆变侧电流指令时才有可能选择定电流控制。

5. 逆变侧交流系统故障的仿真

　　在逆变站交流母线上设置 AB 两相短路故障，故障过渡电阻 20Ω，1.0s 时发生故障，持续时间 0.2s。

　　图 5-89 所示为直流电压波形，图 5-90 所示为直流电流指令和直流电流波形。

　　可以看到，在逆变侧交流系统发生短路故障时，直流电流瞬间增大，直流电压将下降，同时触发低压限流环节，直流电流指令也将下降。

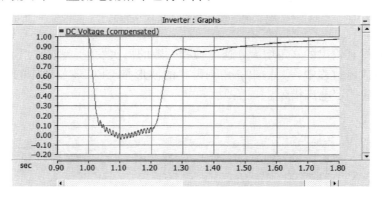

图 5-89　直流电压波形

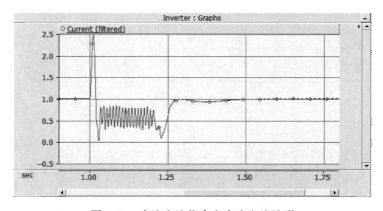

图 5-90　直流电流指令和直流电流波形

　　图 5-91 所示为整流侧触发角指令波形。

　　可以看到，发生故障后，整流侧立即增大 α 角，减小整流侧输出直流电压。当故障切除后，逆变侧交流电压恢复，整理侧触发角将减小。整个过程中整流侧一直保持为定电流控制。

　　图 5-92 所示为逆变侧测量得到的 γ 角。图 5-93 所示为逆变侧两个控制器输出的 β 角，实际选择的是其中最大的一个。

　　可以看到故障后多次测量的 γ 角为 0°，说明发生了换相失败。整流侧 α 角增大，同时

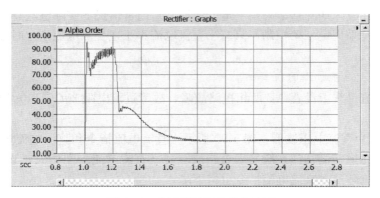

图 5-91   整流侧触发角指令波形

定 γ 角控制也使得其输出的 β 角增大，避免换相失败的再次发生。整个过程中逆变侧保持为定 γ 角控制。在故障过程中，其输出 β 角锯齿状的波形是 CEC 环节动作的结果，说明此时直流电流小于逆变侧定电流指令。

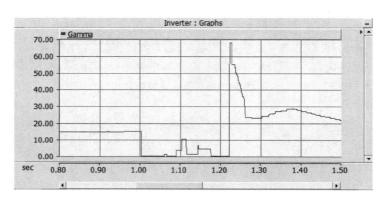

图 5-92   逆变侧测量得到的 γ 角

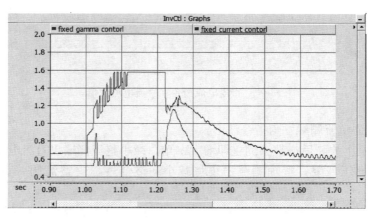

图 5-93   逆变侧两个控制器输出的 β 角

5.4.2　电压源换流器的高压直流输电系统建模与仿真

1. VSC-HVDC 系统概述

虽然传统高压直流输电（HVDC）具有显著的技术优点，但由于作为交直流转换核心部件的换流器采用的是半控型晶闸管器件，这就决定了该项输电技术也存在许多不足，其中主要的两点为：HVDC 所连接交流网络应为具有一定短路容量的有源交流网络，为换流器中晶闸管的可靠关断提供换相电流；需要提供大量的无功补偿装置，以补偿 HVDC 换流站运行中所消耗的无功功率。

新一代的 HVDC 输电技术（VSC-HVDC）以全控型可关断器件构成的电压源换流器（Voltage Source Converter，VSC）以及脉宽调制（Pulse Width Modulation，PWM）控制技术为基础，换流器中以全控型器件代替半控型晶闸管，使得 VSC-HVDC 输电技术具有对其传输有功功率和无功功率进行同时控制的能力，具有可实现对交流无源网络供电等众多优点。VSC-HVDC 输电技术克服了传统 HVDC 输电技术的不足，并扩展了直流输电的应用领域。

与传统 HVDC 相比，VSC-HVDC 具有一些显著的技术优势，主要包括以下几点。

（1）VSC 电流能够自关断，可以工作在无源逆变的方式，不需要外加的换相电压，从而克服了传统 HVDC 必须连接于有源网络的根本缺陷，使利用 HVDC 为远距离的孤立负荷送电成为可能。

（2）正常运行时，VSC 在控制其与交流系统间交换有功功率的同时，还可以对无功功率进行控制，较传统 HVDC 的控制更加灵活。

（3）VSC-HVDC 不仅不需要交流系统提供无功功率，而且能够起到静止无功发生器（STATCOM）的作用，动态地向交流网络补偿无功功率，稳定交流母线电压。若 VSC 容量允许，当交流电网发生故障时，VSC-HVDC 既可以向故障区域提供有功功率的紧急支援，又可以提供无功功率的紧急支援，从而能够提高交流系统的功角稳定性和电压稳定性。

（4）VSC 潮流翻转时，其直流电压极性不变，直流电流方向反转，与传统 HVDC 恰好相反。这个特点有利于构成既能方便控制潮流又有较高可靠性的并联多端直流输电系统。

（5）由于 VSC 交流侧电流可以控制，因此不会增加系统的短路容量。这意味着增加新的 VSC-HVDC 输电系统后，交流系统的保护装置无需重新整定。

（6）VSC 采用脉宽调制控制，其产生的谐波大为减弱，因此只需在交流母线上安装一组高通滤波器即可满足谐波要求。

（7）VSC-HVDC 换流站之间无需快速通信，各换流站可相互独立地控制。此外，在同等容量下，VSC-HVDC 换流站的占地面积显著小于传统 HVDC 换流站。

2. VSC-HVDC 系统工作原理

双端 VSC-HVDC 输电系统的基本结构如图 5-94 所示。其中，电压源换流器的主要部件包括全控换流桥、直流侧电容器、交流侧换流变压器或换流电抗器以及交流侧滤波器。其中全控换流桥采用三相两电平的拓扑结构，每一桥臂均由多个 IGBT 或 GTO 等可关断器件组成。

直流侧电容器为换流器提供电压支撑，并缓冲桥臂关断时的冲击电流，减小直流侧谐波；交流侧换流变压器或换流电抗器是 VSC 与交流系统间能量交换的纽带，同时也起到滤波的作用；交流侧滤波器的作用则是滤除交流侧谐波。双端电压源换流器通过直流输电线路

连接，一端运行于整流状态，另一端运行于逆变状态，共同实现两端交流系统间有功功率的
交换。

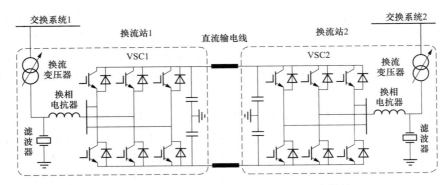

图 5-94　双端 VSC-HVDC 输电系统的基本结构

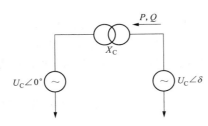

图 5-95　忽略换流变压器或
换相电抗器的电阻时的 VSC-HVDC
一侧的等效电路

图 5-95 所示为忽略换流变压器或换流电抗器的电阻
时的 VSC-HVDC 一侧的等效电路。

VSC 交流母线电压基频分量与其出口电压的基频分
量共同作用于换流变压器或换流电抗器的电抗，且 VSC
与交流系统间交换的有功功率 P 和无功功率 Q 可分别
表示为

$$P = \frac{U_s U_c}{X_c} \sin\delta \qquad (5\text{-}28)$$

$$Q = \frac{U_c(U_c - U_s\cos\delta)}{X_c} \qquad (5\text{-}29)$$

从式（5-28）可以看出，有功功率的交换主要取决于相角度 δ。当 δ 大于 0 时，VSC 将
向交流系统发出有功功率，运行于逆变状态；当 δ 小于 0 时，VSC 将从交流系统中吸收有
功功率，运行于整流状态。因此，通过对 δ 的控制即可以控制 VSC-HVDC 输送有功功率的
大小和方向。

从式（5-29）可以看出，无功功率的交换主要取决于 VSC 出口电压基频分量的幅值
U_c。当 $U_c - U_s\cos\delta$ 大于 0 时，VSC 输出无功功率；当 $U_c - U_s\cos\delta$ 小于 0 时，VSC 则吸收
无功功率。即可以控制 VSC 吸收或发出无功功率，实现向交流电网动态补偿无功功率，稳
定交流母线电压。

综上所述，由于采用 PWM 控制的电压源换流器，可对其出口电压基频分量的幅值与相
位进行调节，因此 VSC-HVDC 输电系统中各 VSC 在对其输送有功功率进行控制的同时，
还可控制其与交流系统间交换的无功功率。此外 VSC-HVDC 正常稳态运行时直流网络的有
功功率必须保持平衡，即输入直流网络的有功功率必须等于直流网络输出的有功功率加上换
流桥和直流网络的有功功率损耗，如果出现任何差值，都将会引起直流电压的升高或降低。
为了实现有功功率的自动平衡，在 VSC-HVDC 系统中必须选择一端 VSC 控制其直流侧电
压，充当整个直流网络的有功功率平衡换流器，其他 VSC 则可在其自身容量允许的范围内
任意设定有功功率。

3. 建立模型

本示例采用 PSCAD 目录…＼ examples ＼ hvdc ＿ vsc 下的自带示例 VSC-
Trans。该模型用于研究基于电压源换流器的高压直流输电系统的基本控制策
略以及故障响应特性，具体操作可扫描二维码 5-8 观看。

二维码 5-8
VSCTrans
模型设置

计算参考信号移相角的原理如图 5-96 所示。

与常规的两电源并联的情况略有不同的是，当图 5-96 中 $\Delta\delta = 0$ 时，两系
统之间无有功功率交换。因此参考信号的移相角必须是根据传输有功功率 P 计算得出的角
度加上送端和受端系统之间原有的相角差（$\delta_S - \delta_R$）。

设置受端交流母线于 2.1s 发生持续 0.05s 的 C 相对地短
路故障。

送端和受端有功功率、无功功率、交流母线电压有效值
以及调制比分别如图 5-97～图 5-100 所示。

图 5-96　计算参考信号
移相角的原理

故障发生后，受端交流系统电压下降，受端交流系统吸收的有功功率迅速减小，受端定
交流电压控制动作使得受端调整比增大。送端增大有功功率输出，满足提高受端交流系统电
压的有功功率要求。

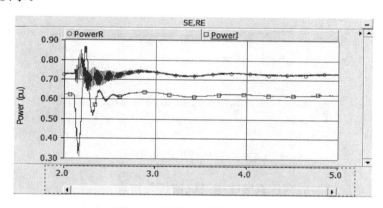

图 5-97　送端和受端有功功率

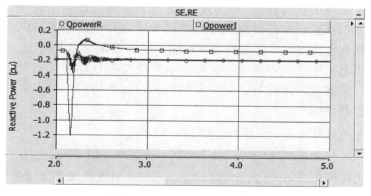

图 5-98　送端和受端无功功率

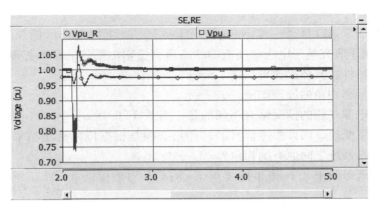

图 5-99　送端和受端交流母线电压有效值

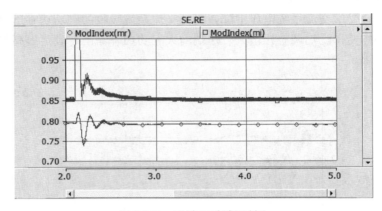

图 5-100　送端和受端调制比

5.4.3　直接电流控制的高压直流输电系统建模与仿真

采用直流电流控制电压源换流器的高压直流输电系统的建模过程请参考二维码 5-9 内视频讲解。

该电压源换流器高压直流输电系统的控制采用直接电流控制，这种控制方式分为内环电流控制和外环电压控制两部分。内环电流控制器用于实现换流器交流侧电流波形和相位的直接控制，以快速跟踪参考电流。外环电压控制根据电压源换流器高压直流输电系统级控制目标可以实现定直流电压控制、定有功功率控制、定频率控制、定无功功率控制和定交流电压控制等控制目标。

二维码 5-9
直接电流控制
的高压直流输
电系统建立

仿真所用直流电缆结构及大地参数如图 5-101 所示。

仿真模型中内环控制器结构图如图 5-102 所示。其中 $\omega L i_{sd}$、$\omega L i_{sq}$ 为电流交叉耦合项，U_{sd}、U_{sq}。分别为电网电压 d、q 轴分量，U_{dref}、U_{qref} 分别为换流器交流侧电压基波的 d、q 轴分量。触发脉冲生成电路是将 U_{dref}、U_{qref} 经反派克变换，变为三相交流电压调制信号，同时取三角波为载波信号（三角波开关频率为 3000Hz），二者进行调制后得到 PWM 波形，即 IGBT 触发脉冲。

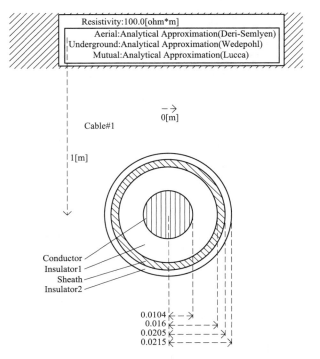

图 5-101　直流电缆结构及大地参数

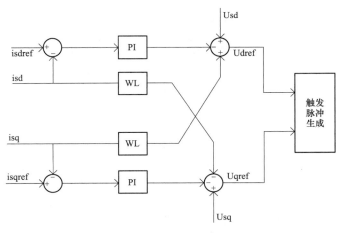

图 5-102　内环控制器结构图

　　系统稳态直流电压、直流电流、送端有功功率和无功功率、受端有功功率和无功功率分别如图 5-103~图 5-106 所示。

　　可以看到，该系统的控制电路能实现系统级控制的控制目标，直流电压稳定，有功功率和无功功率实现解耦控制。

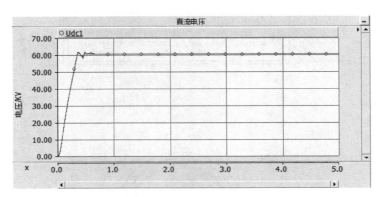

图 5-103　系统稳态直流电压

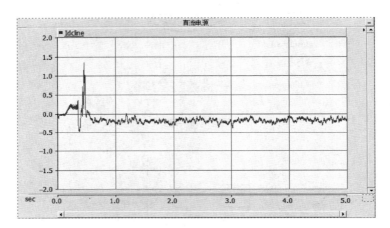

图 5-104　系统稳态直流电流

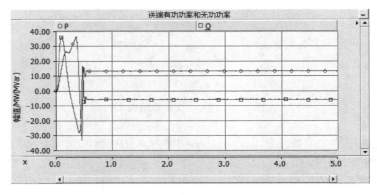

图 5-105　系统稳态送端有功功率和无功功率

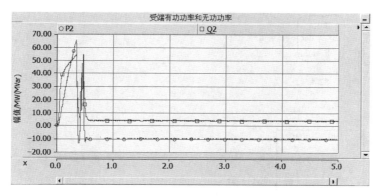

图 5-106　系统稳态受端有功功率和无功功率

5.5　新能源电力系统一次调频系统建模与仿真

5.5.1　新能源电力系统概述

近些年来，我国电网结构发生改变，新能源大规模地接入电网，可再生能源发电在电网中的比例逐年升高，但其整体的调频能力弱且随机性强、波动性大，使得电网的频率稳定性受到冲击，电力系统频率的调整摆在了至关重要的位置上。

新能源装机容量的提高以及新能源本身的特性使得整个电网频率的调整难度要大于传统能源的调频难度，尽管现在新能源的调频方法层出不穷，但是碍于现有技术以及新能源的发电特点，使得传统火电机组仍然承担着调频任务。而其中针对变化幅度小，变化周期较短的随机负荷分量所带来的频率波动的一次调频更是应该重点关注的。因此本书以火电厂为例，将其接入新能源微网系统中，分析该系统的一次调频能力。

5.5.2　新能源电力系统建模

1. 火电厂单机建模

前文已经介绍了风电与光伏的搭建，现在构建一个火力发电厂。火电厂的单机建模图如图 5-107 所示。

这里火电厂的同步发电机选用隐极机，并将电动机在 $t=0$ 时刻的基准角频率设置在 314.159rad/s，同步机其余的参数均采用系统默认值。励磁机选用软件中自带的 ST1A 型静止励磁机，励磁机与同步发电机的连线如图 5-107 所示。图 5-107 中 E_f 为来自励磁控制器的励磁电压输入，I_f 为输出至励磁控制器的励磁电流，E_{f0} 为输出至励磁控制器的初始励磁电压，励磁机参数采用软件的默认值。软件中用 S_{2N} 值从 0 变为 1 来让电动机运行状态处于恒转速模式，用 L_{2N} 值从 0 变为 1 来让电动机从恒转速模式转变为自由运行模式，因此，在设定数值的时候需要满足 $0<S_{2M}<L_{2N}$ 的条件，在本系统中用时间常量与单输入比较器来进行控制，如图 5-108 所示。

本系统中设置电动机从 0.3s 转变为恒转速模型，电动机从 0.5s 转变为自由运行模式。电动机的 w 为转速输出的标幺值，T_m 为机械转矩输入，T_{m0} 为输出至调速器的初始转矩。由此一个完整的火电机单机模型已经建立完成了，接下来要为电动机选择一个合适的调速器进行一次调频。

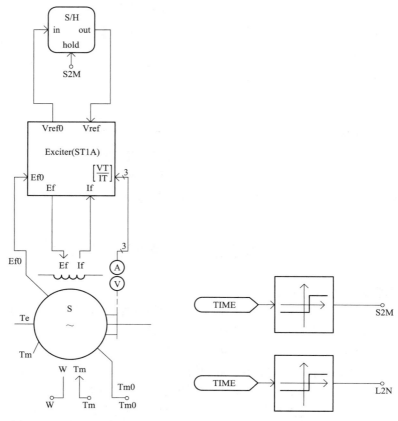

图 5-107　火电厂单机模型　　　　图 5-108　发电机运行方式控制模型

（1）传统调速器仿真建模。根据 IEEE 所给出的传统调速器模型来构建可以用于 PSCAD 的调速器模型，如图 5-109 所示。

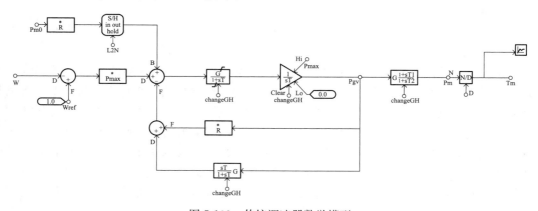

图 5-109　传统调速器数学模型

本文依据 IEEE 所给出的调速器数学模型构建如图 5-109 所示的调速器模型。依据常规情况，调差系数 R 在这里设置为 0.05，引导阀环节功率的上限设置为 $0.1 \times P_{\max}$ 的标幺值，引导阀环节功率的下限设置为 $-0.1 \times P_{\max}$ 的标幺值，图 5-109 中的 $P_{\max}$ 为标幺值，用 $P_{\max}$

的基准值除以发电机的基准容量得到，其数值为 0.937 5，w 为发电机的转速输出，w_{ref} 为转速基准值，P_{m0} 由转速 w 乘上发电机输出给调速器的电磁转矩 T_{m0} 得到，其余参数采用默认数值，本文不再单独设置。

（2）DEH 仿真建模。DEH 调速模型的建立相对于传统调速器模型来说要复杂一些，PSCAD 中自带的 DEH 调速模型已经可以完全满足读者的研究使用，因此，在这里使用 PSCAD 自带元件库中的 DEH 调速模型进行火电单机模型的构建。如图 5-110 所示。

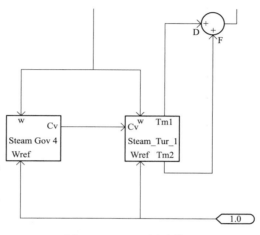

图 5-110　DEH 调速模型

这里的 DEH 调速器采用 PSCAD 的默认设置。

火电机单机模型的建立完成后，将其接入新能源电力系统中。

2. 新能源电网的建立

为研究系统负荷波动后电力系统频率变化情况，还需要在系统中构建一个负载模型，电力系统中的负载模型如图 5-111 所示。

图 5-111 中 BRK 所表示的为断路器，在 0.5s 时发生断路，再过 0.05s 时断路器恢复原样，负载参数设置为 100MW、25Mvar，Ea 即接下来所要测量频率的电压。

由于 PSCAD 内部自带的元器件无法直接测量出来电压的频率，因此本文选择用锁相环模块来测量 Ea 的频率波形，锁相环结构如图 5-112 所示。

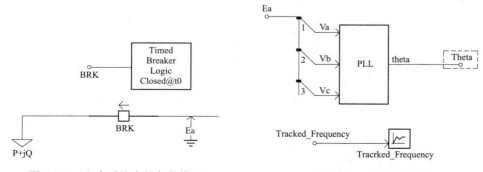

图 5-111　电力系统中的负载模型　　　　图 5-112　锁相环模型

这里 Tracked_Frequency 的数值所对应的就是需要测量的电压的波形。Theta 为电压的角度，本书不进行分析。

　　至此所有要使用的模型就已经搭建好了，接下来要将上述搭建好的仿真模型全部放入一个新能源电力系统之中。这里以某地区的电力网模型为例，选取其中一部分进行仿真，并对其中的各项参数设置进行一系列的简化处理，来提升仿真的运行效率。电力网络的模型如图 5-113 所示。

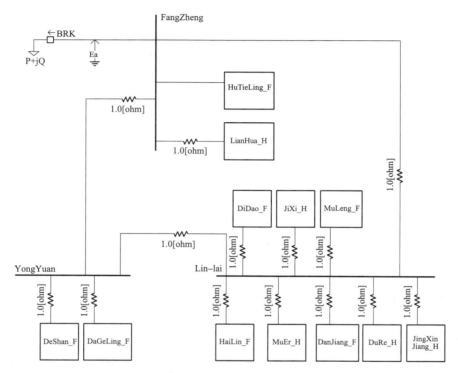

图 5-113　新能源电力系统

5.5.3　一次调频仿真分析

　　对已建立的模型进行仿真分析，为了突出不同调速器的仿真结果，再构建只有一个火电厂和新能源电厂的小型电力系统网络来与本章构建的电力网进行调频结果的对比，此新能源模型不具备调频模块，只能分析新能源并网之后给电网所带来的冲击影响。因此分析过程中我们只重点关注传统能源的调频情况。在仿真过程中，出于对电脑性能以及仿真结果要求的考虑，在新能源电力系统的仿真中，设置仿真时长为 1s，步长为 250μs 来进行接下来的仿真，在构建的用于对比分析的火电占比较高的小型电力网络中，设置仿真时长为 5s，步长为 250μs 来进行接下来的仿真。

　　（1）传统调速器调整后的波形。采用传统调速器的火力发电厂接入小型电力系统网络中的波形如图 5-114 所示。

　　0.3s 以前发电机为理想电压源的运行状态，从波形中可以看出此时的频率并未发生变化，由于是理想运行状态，电网的频率一直稳定在 50Hz。0.3s 时由于发电机运行状态的改变使得频率变化幅度较大，因为实际工程的运行过程中不会发生这样的变化，此时刻仅为仿真软件模型运行状态的改变，0～0.3s 这一时间为过渡时间，所以这 0.3s 的变化仅作参考，

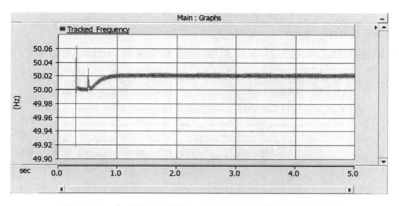

图 5-114　火力发电厂接入小型电力系统网络中的波形

不予以分析。0.3s 时频率变化,由于调速器的作用频率波形变为在 50Hz 波动,从频率稳定在 50Hz 变化的时间开始才需要进行关注的,这一段时间为仿真软件仿真出的电网实际运行状态,即 0.3~0.5s 之间是电网正常的运行工况。在 0.5s 时系统中的断路器动作使得频率大幅度变化,随后通过调速器的一次调频功能,频率逐渐稳定了下来,最后由于系统没有二次调频功能,而一次调频又为有差调节,导致频率在 50.02Hz 上下波动。

采用传统调速器的火力发电厂接入新能源电力系统网络中的波形如图 5-115 所示。

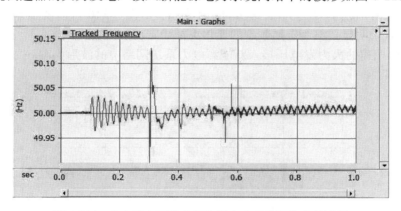

图 5-115　火力发电厂接入新能源电力系统网络中的波形

与上述波形的变化频率类似,但由于接入了大量的新能源发电系统,使得频率在 0.3s 之前就已经开始发生小幅度的变化。在 0.3s 时发电机的运行状态发生改变,频率发生大幅波动,后由调速器的作用,频率逐渐降低,可以看出在 0.3~0.5s 之间调速过后的频率是正好在 50Hz 上下波动的,在 0.5s 时因为电网发生故障,导致频率波形发生不稳定的变化,随后经调速器的作用,电网频率逐渐稳定了下来,但是此时经过调速器的一次调频之后的频率是在 50Hz 之上进行波动的。该图像的频率变化相比新能源占比较小的频率变化要大,而调速器进行调频的时间在两个不同新能源的占比系统中都差不多。

由图 5-114 可以看出在小比例新能源电力网络中,频率受电网冲击所导致的波动的最大值并不超过 0.04Hz,频率稳定后的波动微乎其微,而图 5-115 中可以直观地看出,在电网新能源占比变高之后,频率的变化幅度明显变大,经对比可知,新能源本身也会给电网频率造成一系列的影响。

（2）DEH 调整后的波形。

采用 DEH 调速的火力发电厂接入小型电力系统的波形如图 5-116 所示。

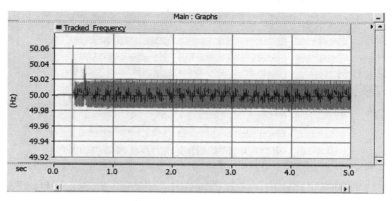

图 5-116　DEH 调速器的火力发电厂接入小型电力系统的波形

与传统调速器变化规律相近，在 0s～0.3s 之间，由于发电机是理想电压源状态，且火电在电网中的占比较高，因此频率并没有发生太大的变化。直至 0.3s 发电机的工作状态切换导致电网产生波动，0.3s～0.5s 之间是电网正常运行工况下的频率调整状态，0.55s 频率调整结束，可以看出频率在 50Hz±0.02Hz 内波动。由图 5-116 可以明显地看出来，DEH 调速器的调速效果明显，整个电网频率的变化更加稳定。

采用 DEH 调速的火力发电厂接入新能源电力系统网络中的波形如图 5-117 所示。

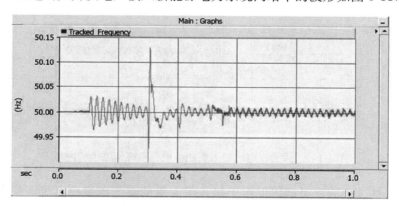

图 5-117　DEH 调速器的火力发电厂接入新能源电力系统网络中的波形

同传统调速器的变化规律，频率依旧是在 0.3s 以及 0.5s 左右发生变化，不过由于采用了 PSCAD 中自带的 DEH 调速器元件，其波形明显好于传统调速器。在发电机运行模型改变之前，由于新能源电网的波动性，导致即使在理想的运行条件下系统频率依旧无法稳定运行在 50Hz，在大约 0.1s 的时候，电网完成运行初始化，频率产生波动，不过一直到 0.3s 时电网频率的波动主要是风电以及光伏系统造成的，在调速器的作用下，频率的波动逐渐降低，在 0.3s 时刻发电机的运行状态由理想状态发生改变，此时所造成的电网频率波动只会在仿真运行的时候出现，因此不去关注。由图 5-117 可以看出调频之后电力系统的频率始终可以稳定在 50Hz 上下，除开 0.3s 由于发电机运行方式的改变所带来的频率变化，可以观察到当系统运行状态发生改变的时候，系统的频率的变化量都在 0.05Hz 之内，可以完全符合我国的规定。

5.6　双馈风电接串补系统次同步振荡建模与仿真

5.6.1　双馈风电接串补系统介绍

风电已成为除了火力发电和水力发电以外的重要发电能源。随着全球互联网的展开，如何大规模高效，安全可靠地利用风力发电的资源成为目前风电发展的难题。而在当前的风电机组类型中，双馈风力发电机由于其成本低，可实现变速恒频运行和功率解耦控制等优点占据了目前主要市场。随着风电技术的快速发展，以及风能和负荷呈现逆向分布的特点，导致远距离输电容易受动态稳定极限和静态稳定极限等多种因素的影响，为了减少电能的损耗，大规模风电常采用串联补偿技术。然而虽然加入串联补偿线路可以减小线路电抗，缩短电气距离，提高输电能力并提升系统的暂稳能力，但是由于串补电容的使用，也大大增加了风力发电机组的次同步振荡的可能。

5.6.2　双馈风电接串补系统组成及次同步振荡原理

1. 双馈风电接串补系统组成

如图 5-118 所示，双馈风电接串补系统由风力机、机械轴系、感应发电机、转子侧变换器、网侧变换器、串补、负荷几个部分组成。风力机捕获风能转化为旋转动能，通过机械轴系传给双馈感应发电机，双馈感应发电机实现电能的转换，定子直接与电网相连，转子则通过两个电力电子变换器实现交流励磁。双馈风电机组的控制系统主要包括变速风力机的控制系统以及双馈感应发电机的控制系统。

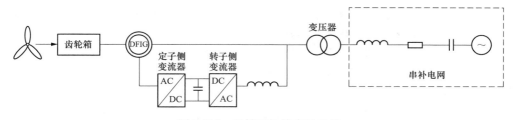

图 5-118　双馈风电接串补系统

2. 双馈风电接串补系统次同步振荡原理

电力系统的次同步振荡是指汽轮发电机组在运行（平衡）点受到扰动后处于特殊运行状态下出现的一种异常状态。在这种运行状态下，电气系统与汽轮发电机组之间在一个或多个低于系统同步频率的频率下进行显著的能量交换。按照 IEEE 工作组对次同步振荡的定义，次同步振荡过程是不包括汽轮发电机转子轴系的刚体振荡模态的。

风力发电机组并网的次同步振荡根据机理的不同可以分为三类：次同步谐振研究的是串补线路和风机轴系发生的功率振荡。次同步扭转相互作用研究的是轴系和电力电子控制器之间的互相作用诱发的功率振荡。次同步控制相互作用研究的是换流器与串补线路之间的相互作用诱发的功率振荡现象。这三类振荡中次同步控制相互作用是影响最大的振荡，且发生得最为频繁。

如图 5-119 所示为具有补偿线路的汽轮发电机组。

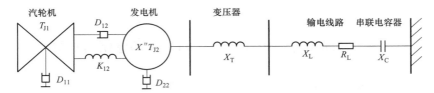

图 5-119　具有补偿线路的汽轮发电机组

考虑图 5-119 中电气部分的动态特性。该系统中各电气设备的参数为，发电机的内电抗用其次暂态电抗 X'' 表示，无穷大电力系统的电压为 V_0，串联补偿电容的容抗为 X_C，升压变压器的漏电抗和各种损耗一起用 X_T 和 R_T 表示，输电线路的电抗为 X_L。为简单起见，发电机和输电线路的电阻并入变压器的电阻 R_T 一起考虑。以上所有的电抗值皆为在系统同步频率下的值。由于和电感相比，在系统的同步频率下，上述设备所具有的电阻数值都较小，为简化分析，先将其忽略。由此得到一个由电感和电容串联的电路，显然，这个电路存在一个自然电气振荡频率 ω_{er}。即

$$\omega_e = \frac{1}{\sqrt{LC}} = \frac{\omega_0}{\sqrt{(\omega_0 L)(\omega_0 C)}} = \omega_0 \sqrt{\frac{X_C}{X_{L\Sigma}}} \quad (\text{rad/s}) \qquad (5\text{-}30)$$

相应地有

$$f_{er} = f_0 \sqrt{\frac{X_C}{X_{L\Sigma}}} \qquad (5\text{-}31)$$

其中，f_0 为系统的同步频率，Hz；$\omega_0 = 2\pi f_0$，且 $X_{L\Sigma} = X_T + X_L + X''$。

显然，就电气系统来说，如果对输电系统所具有电感采用不同程度的补偿，就需要使用具有不同容量的电容，相应的，也就会得到不同的自然电气振荡频率 ω_{er}。

5.6.3　双馈风电接串补系统次同步振荡仿真

本示例主要用于对采用双馈发电机的风力发电机组的运行及故障仿真分析，这里用于双馈风电接串补系统发生次同步振荡的仿真分析。

1. 模型概况

模型主电路由风力机带动双馈感应电机模拟产生 50Hz 中压交流系统的三相电压、模拟线路的简单 RL 串联元件、升压变压器、串补构成，其中包括双 PWM 变换器及其他控制系统组件。电路元件之间的相互连接关系如图 5-120 所示。

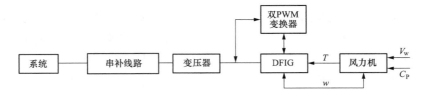

图 5-120　主电路元件之间的相互连接关系

风力机的风速由图 5-121 所示逻辑电路设定，可以由给定值和时间区间进行调整，风能利用系数如图 5-122 所示，采用了简单逻辑计算模型等效，不接串补正常运行时，单台风机

输出功率如图 5-123 所示。

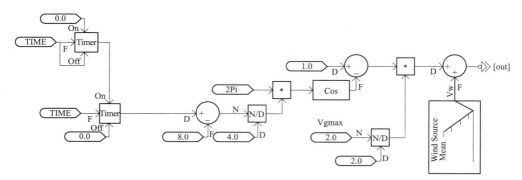

图 5-121　风速逻辑电路

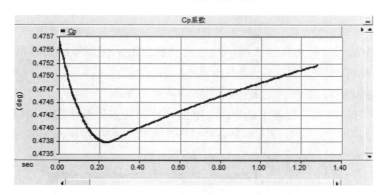

图 5-122　风能利用系数

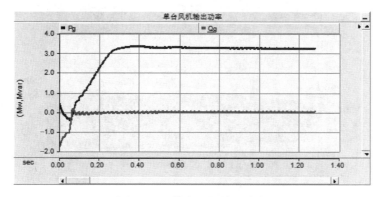

图 5-123　单台风机输出功率

2. 主要设置

风力机根据风能利用系数、风速和发电机转速来模拟风力机转矩输出，并将转矩施加在发电机上。

主电路线电压额定值为 110kV，线路参数为 6.083 2Ω 电阻串联电感与串补电容，用来模拟不同的串补度。升压变压器为 Y/Y 联结，电压比为 110kV/33kV。

绕线电动机参数设置如图 5-124 所示，额定电压为 33kV，额定功率为 5.0MVA。定转子绕线比为 0.3。

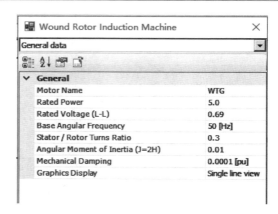

图 5-124 绕线电动机参数设置

3. 变换器及其控制

变化器及其控制部分采用前述双馈风机运行分析部分的控制策略及模型。

4. 仿真结果分析

风场风机数量设置为 50 台，当风速保持额定风速 11m/s 不变时，分别在串补度为 20%、40%、50%、60%时，获取风机输出的电压、电流、有功功率和无功功率如图 5-125～图 5-128 所示。仿真时间为 25s，在 6s 时投入串补，经过一个暂态过程后系统开始振荡，由仿真结果可

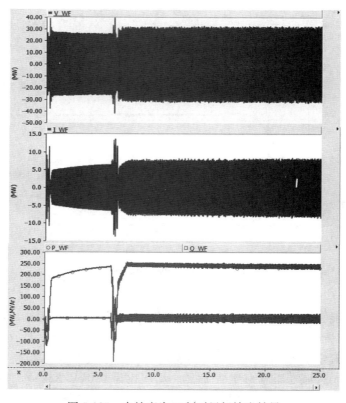

图 5-125 串补度为 20%时风场输出结果

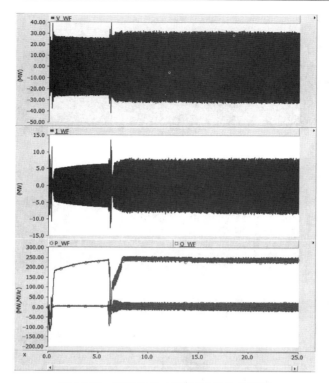

图 5-126　串补度为 40% 时风场输出结果

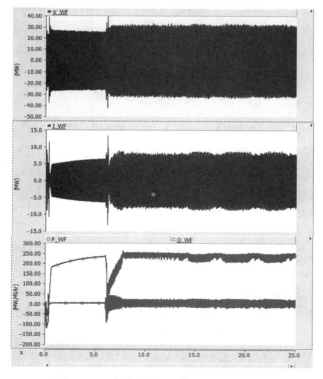

图 5-127　串补度为 50% 时风场输出结果

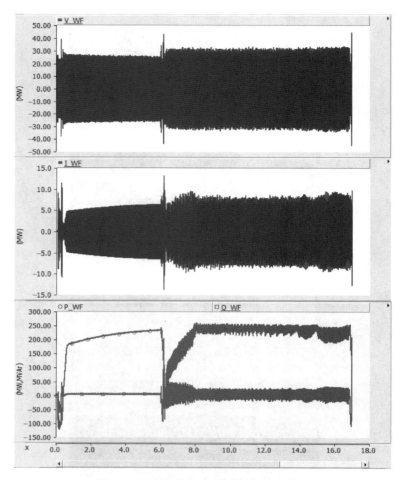

图 5-128　串补度为 60％时风场输出结果

以看出，当串补度为 20％时，系统已经发生振荡，但振荡幅度相对较小，趋于稳定，当串补度为 40％时，系统做近似等幅振荡，当串补度为 50％时，振荡逐渐剧烈，系统有功功率有跌落趋势，当串补度为 60％时，次同步振荡最为剧烈，系统在 17s 时有功和无功均发散。从仿真结果对比可以看出，随着系统串补度的增加，次同步振荡逐渐加剧，甚至系统崩溃，所以系统在设计搭建时应选择合适的串补度。

5.7　单馈入 LCC-HVDC 系统的换相失败辨别

5.7.1　换相失败及背景概述

电网换相换流器型高压直流输电 LCC-HVDC（Line-Commutated Converter based HVDC，LCC-HVDC）换流单元为半控期间晶闸管，如名字所示 LCC 直流输电的换相只能依赖交流电网，因此只能实现有源电网之间。LCC-HVDC 的主要设备包括换流装置、换流变压器、平波电抗器、无功补偿装置、滤波器、直流输电线路及接地系统；换流阀分为 6 脉波换流阀与 12 脉波换流阀；工作方式包括整流方式与逆变方式；工况包括正常工作方式和非正常工作方式等。LCC-HVDC 已成为高压直流输电系统的骨架，高压直流系统的发展和应用使得现代电网成为交直流互联电网，同时直流输电优越的控制能力也可成为交流电网的安全稳定提供有力支撑。

换相失败是指当逆变器两个阀进行换相时，因换相过程未能进行完毕，或者预计关断的阀关断后，在反向电压期间未能恢复阻断能力，当加在该阀上的电压为正时，立即重新导通，则发生了倒换相，使预计开通的阀重新关断的现象。导致换相失败的原因有很多，发生故障的因素分为内部因素和外部因素，内部因素主要有换流阀误开通、丢失触发脉冲等与触发脉冲直接相关的故障，外部因素主要有换相电压的幅值、相角、频率等和直流电流以及控制参数的设置等有关，此外换相失败的严重程度还和交流系统的强度、系统短路比等有关。

换相失败辨别的投入使系统能准确鉴别出系统发生换相失败，并且及时投入换相失败抑制策略和保护装置，保护系统、减少系统因换相失败而受到的冲击和安全性上的威胁。

5.7.2 换相失败辨别仿真模型的建立

1. 对原模型的改动

具体操作扫描二维码 5-10 进行观看。

2. 换相失败模型的建立

(1) 最小关断面积法。本换相失败逻辑是基于最小关断面积法进行判断的，若想系统换相成功，此时晶闸管关断角对应的最小值称为最小换相失败角，记为 γ_0。

二维码 5-10
换相失败辨别
仿真模型建立

晶闸管换相过程中各个角度关系如式 (5-32) 所示。

$$\begin{cases} \alpha + \mu + \gamma = \pi \\ \beta = \pi - \alpha \\ \gamma = \beta - \mu \end{cases} \tag{5-32}$$

换相面积，指的是从换流阀导通至关断，换相电压与时间轴之间围成的面积为换相面积。对应的为图 5-129 中宽为 μ，上边为换相电压，下边为时间，两边对应 μ 开始与结束对应时间围成的不规则图形的面积。

由推导等可得，换相面积 $S_s = I_d L_C = \int_{\frac{\alpha}{\omega}}^{\frac{(\alpha+\mu)}{\omega}} \sqrt{2} U_L \sin\omega t\, dt$，式中 L_C 为换相电压，V；I_d 为直流电流，A。

通过研究和实验可以得出，除了故障相电压幅值会对换相面积造成影响，故障相电压也会对换相面积有影响，具体表现为相位前移会减小换相面积。

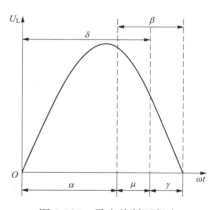

图 5-129 最小关断面积法

(2) 判断逻辑的判断依据与运行逻辑。由上文可知，判断的主要依据为 γ 角，在实际工程中，应用式 (5-33) 进行关断角的计算：

$$\gamma = \arccos\left(\frac{\sqrt{2}\, I_d}{E} + \cos\beta\right) \tag{5-33}$$

但式 (5-33) 只考虑了故障后故障相电压的幅值，并未考虑故障后故障相的电压的相位偏移，在故障后至换相失败即将发生的时间段内，如果考虑故障线电压的幅值和过零点偏移的情况下，关断角的计算变化成式（5-34）。

$$\begin{cases} \gamma = \arccos(M) + \Delta\phi \\ M = \dfrac{U_{ab0}}{U_{ab}}(\cos y_0 + \cos\beta_0) - \cos(\beta_0 - \Delta\phi) \end{cases} \quad (5\text{-}34)$$

其中，在逆变侧交流侧瞬时表达式为式（5-35）时（前文修改原模型时已调整），有

$$\begin{cases} e_a = E_m\cos(\omega t + 60°) \\ e_b = E_m\cos(\omega t - 60°) \\ e_c = E_m\cos(\omega t + 180°) \end{cases} \quad (5\text{-}35)$$

对比前面的电源侧设置，想测得故障相线电压 U_{AB} 有关参数，对应的应为 PSCAD 模型中故障相线电压 U_{AC} 的参数，故障相线电压过零点偏移角 $\Delta\phi$ 如式（5-36）所示。

$$\Delta\phi = -\arctan\left[\frac{k \cdot (\cos\sigma + \sqrt{3}\sin\sigma) - 1}{k \cdot (\sqrt{3}\cos\sigma + \sin\sigma) + \sqrt{3}}\right] \quad (5\text{-}36)$$

（3）故障相电压幅值和故障线电压幅值的获得，具体操作扫描二维码 5-11 进行观看。

二维码 5-11 换相失败模型故障仿真

换相失败辨别判断模型的建立主要包含以下两个部分。

1）参数预处理模型的建立。在空白处如图 5-130 所示新建模型，用于获得过零点偏移量，元件命名为 Data _ Base，两输入端口，分别为 E _ a 和 Sig _ a，两输出端口 k _ out 和 Del _ Phi，对应端口属性也应修改，如图 5-131 所示，完成单击 Finish 按钮。对新建的模型单击右键选择 Edit Definition 项，如图 5-132 所示。

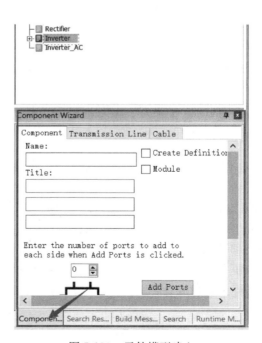

图 5-130　元件模型建立

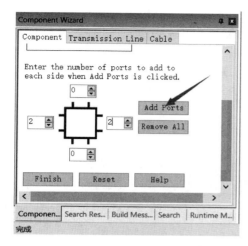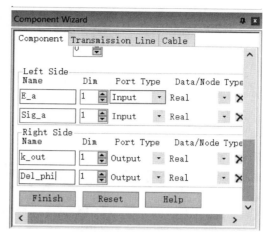

图 5-131　新建模型设置

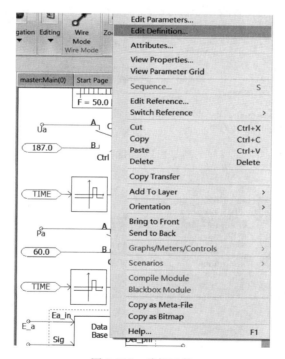

图 5-132　编辑元件

进入元件编辑页面后，将元件外表编辑，如图 5-133 所示。

完成后如图 5-134 所示，在元件的参数输入界面，单击位于界面下方的 Parameters 项。

删除元件自带的文本输入参数，在 name 处单击右键，选择 Delate 项，并添加一个实数输入参数，删除参数过程如图 5-135 所示。

添加参数过程如图 5-136 所示：先单击添加参数图标，选择添加实数参数，并将各个参数修改成如图 5-135 所示。

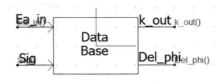

图 5-133　元件外表编辑

图 5-134　"Parameters"选项

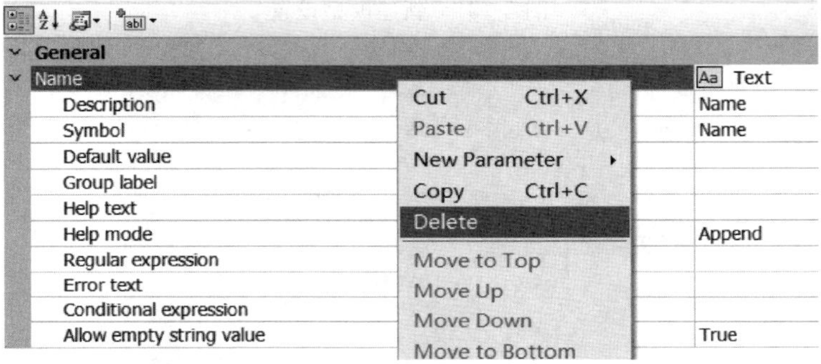

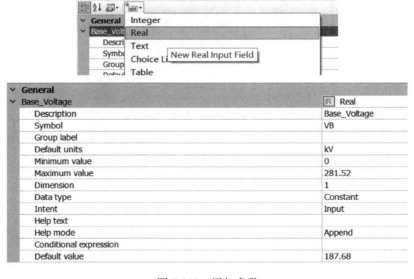

图 5-135　删除参数

图 5-136　添加参数

参数输入界面设置完毕后，来到代码设计界面，选择界面下的 Script 项，在如图 5-137

所示界面内输入以下代码（其中的 ! 符号为注释，可不输入）。

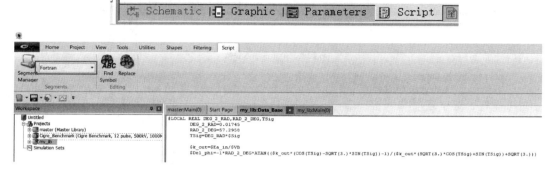

图 5-137　元件代码

```
# LOCAL REAL DEG_2_RAD,RAD_2_DEG,TSig
```

！给参数命名，各个元件参数名字最好不要重复；格式为 ♯ LOCAL （声明）REAL （数据类型，此处为实数型）变量名称（需遵守 PSCAD 命名规则）

```
DEG_2_RAD= 0.017 45
RAD_2_DEG= 57.295 8
TSig= DEG_RAD* $Sig
```

！前两句为角度和弧度变化常数，后一句为转换后的 σ，利用变量的数值需加值替换前缀操作符 $ 才能使用变量代表的数进行计算或者逻辑判断，但在程序内部声明的临时变量不需要在前面加 $ 符号。

```
$k_out= $Ea_in/$VB
$Del_phi= - 1* RAD_2_DEG* ATAN(($k_out* (COS(TSig)- SQRT(3.)* SIN(TSig))- 1)/($k_out* (SQRT(3.)* COS(TSig)+ SIN(TSig))+ SQRT(3.)))
```

！k_out 为故障相电压幅值故障前后比例值，Del_phi 为 $\Delta\phi$ 的值，并且要注意各个函数内的数据类型，否则容易出错。在 PSCAD 中无法使用 COSD(x)、SIN(x) 等直接使用角度进行计算的三角函数，故需要将参数转换为角度使用，SQRT 开方函数的变量类型必须为 REAL 实数类型的数才能正确运算，此处 3. 即 3.0 的简便输入。

2）换相失败判断模型的建立。与上面类似的步骤设置元件外形如图 5-138 所示。

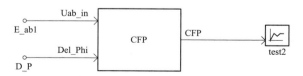

图 5-138　换相失败判断模型

设置三个元件输入参数如图 5-139 所示。

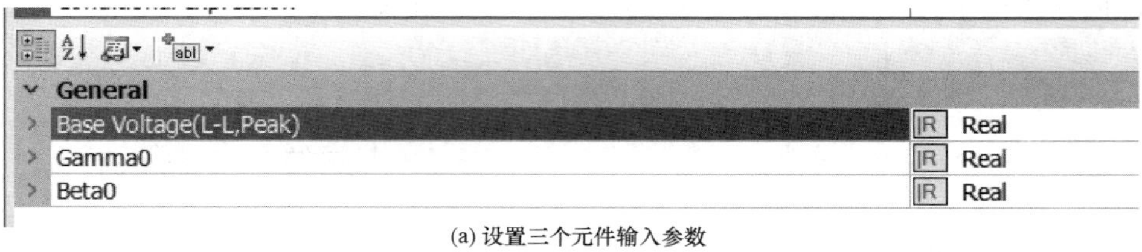

(a) 设置三个元件输入参数

(b) 参数Base Voltage(L–L，Peak)的设置

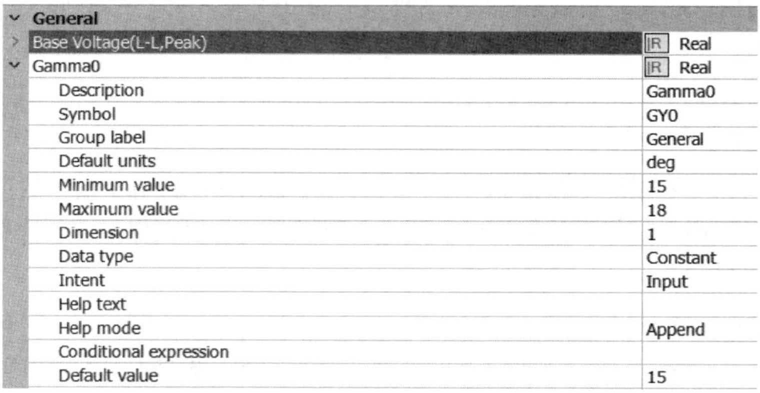

(c) 参数Gamma0的设置

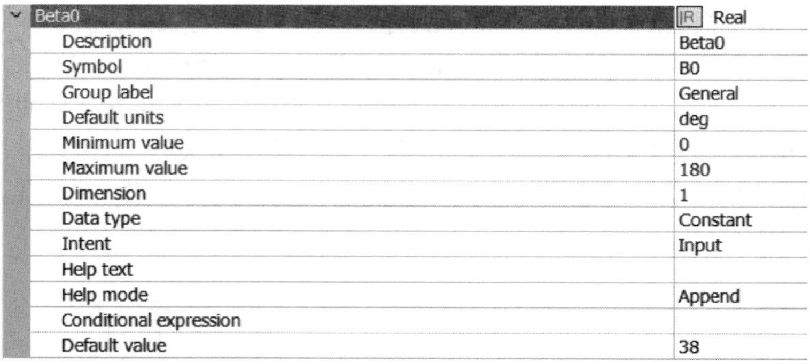

(d) 参数Beta0的设置

图 5-139　设置三个元件输入参数

模型代码输入如图 5-140 所示。

```
!CFP=1,COMMUTATION FAILURE;CFP=0,COMMUTATION SUCCESS
#LOCAL REAL DEG_2_RAD,RAD_2_DEG
#LOCAL REAL TGy0,TB0,TD_P
#LOCAL REAL d1_vol,M_Counter,GAMMA

        DEG_2_RAD=0.01745
        RAD_2_DEG=57.2958

        TGy0=$Gy0*DEG_2_RAD
        TB0=$B0*DEG_2_RAD
        TD_P=$Del_Phi*DEG_2_RAD

        d1_vol=$Uab0/$Uab_in
        M_Counter=(COS(TGy0)-COS(TB0))*d1_vol+COS(TB0-TD_P)

        IF(M_Counter>1.) THEN
        $CFP=1
        GAMMA=-1.
        ELSE
        GAMMA=ACOS(M_Couneter*1.)*RAD_2_DEG+$Del_Phi
        END IF

        IF(GAMMA<7.) THEN
        $CFP=1
        ELSE IF(GAMMA>35.4)THEN
        $CFP=1
        ELSE
        $CFP=0
        END IF
```

图 5-140　模型代码

```
! CFP= 1,COMMUTATION FAILURE;CFP= 0,COMMUTATION SUCCESS
# LOCAL REAL DEG_2_RAD,RAD_2_DEG
# LOCAL REAL TGy0,TB0,TD_P
# LOCAL REAL d1_vol,M_Counter,GAMMA
```

！变量声明

```
DEG_2_RAD= 0.017 45
RAD_2_DEG= 57.295 8
```

！角度弧度转换常数

```
TGy0= $Gy0* DEG_2_RAD
TB0= $B0* DEG_2_RAD
TD_P= $Del_Phi* DEG_2_RAD
```

！转换后的参数

```
d1_vol= $Uab0/$Uab_in
M_Counter= (COS(TGy0)- COS(TB0))* d1_vol+ COS(TB0- TD_P)
```

！线电压故障前后的比值和 M 值的计算

```
IF(M_Counter> 1.) THEN
$CFP= 1
GAMMA= - 1.
ELSE
```

```
GAMMA= ACOS(M_Couneter* 1.)* RAD_2_DEG+ $Del_Phi
END IF

IF(GAMMA< 7.) THEN
$CFP= 1
ELSE IF(GAMMA> 35.4)THEN
$CFP= 1
ELSE
$CFP= 0
END IF
```

！进行换相失败判断

自此，换相失败辨别判断逻辑搭建完毕。

5.7.3　换相失败辨别仿真分析

建模完成后，对仿真工程单击右键选择 Project Settings 项，如图 5-141 所示进行仿真设置。

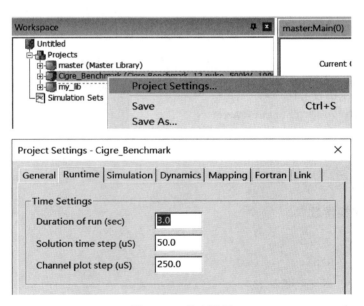

图 5-141　仿真设置

设置仿真时长 3.0s，仿真补偿 50.0us，绘图步长 250us，然后进行仿真。

系统逆变侧交直流电压、电流波形如图 5-142 和图 5-143 所示。

系统中设置单相接地故障，故障相为 A 相，故障起始时间为 1s，故障持续时间为 0.05s，A 相接地电阻大小为 50Ω，对故障相电压采用 FFT 频谱分析得出故障相电压波形基波幅值，如图 5-144 所示。换相失败辨别逻辑已在上文阐述。如图 5-145 所示，换相失败辨别逻辑能够辨别出系统发生换相失败，并且辨别时间与系统电压变化时间接近。

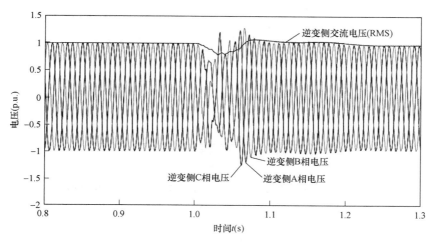

图 5-142　逆变侧交直流电压波形

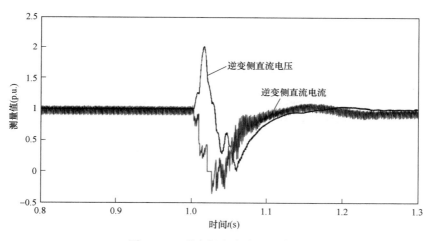

图 5-143　逆变侧交直流电流波形

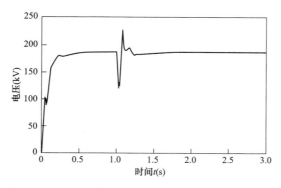

图 5-144　FFT 频谱分析得出故障相电压波形基波幅值

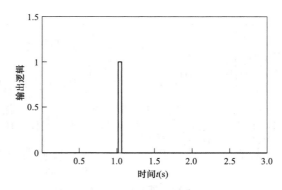

图 5-145　基于 FFT 频谱分析的换相失败辨别逻辑输出波形图

附录 A

Photovoltaic cell

脚本：

```
♯ SUBROUTINE myPV_RTDS
♯ STORAGE REAL:30
        CALL myPV_RTDS( $ AA, $ BB, $ SS, $ INS, $ TMP)
```

调用子程序 myPV _ RTDS. f：

```
! CALL myPV_RTDS( $ AA, $ BB, $ SS, $ INS, $ TMP)
        SUBROUTINE myPV_RTDS(NA,NB,SSN,INS,TMP)


! —————————————————————
!    Include and Common Block Declarations
! —————————————————————
        INCLUDE 'nd. h'
        INCLUDE 's0. h'
        INCLUDE 's1. h'
        INCLUDE 's2. h'
        INCLUDE 's4. h'
        INCLUDE 's8. h'
        INCLUDE 'branches. h'


! —————————————————————
!    Argument List：
! —————————————————————

        INTEGER SSN
        INTEGER NA,NB
        REAL INS
        REAL TMP


! —————————————————————
!    Variable Declarations
! —————————————————————

        REAL q
        REAL K
```

```
REAL refTEMP
REAL Iscref
REAL Vocref
REAL nid
REAL Jtmp
REAL Gamma
REAL Impref
REAL Vmpref

REAL GL

INTEGER Nc
INTEGER Np
INTEGER Ns


!  ————————————————————————
!    Matrix declaration
!  ————————————————————————

REAL DG0(2,2),GD(2,2)
REAL DGN0(2,2)
INTEGER NODES(2)
INTEGER N,FLAG


!  ————————————————————————
!    Temporary Variable Declarations
!  ————————————————————————

REAL tVsA

REAL tIsAold
REAL tVsAold
REAL tVsAold2

REAL tVt
REAL tVtref
REAL tEg
REAL tEgref
REAL tIoref
REAL tIsc
REAL tAt
REAL tIo
```

```
      REAL tVoc
      REAL tRs
      REAL tIscA
      REAL tVocA
      REAL tRsA
      REAL tIsA
      REAL tIinj

      REAL tNc
      REAL tNp
      REAL tNs

      REAL C_inj

!  — — — — — — — — — — — — — — — — — — — —
!    Constant Definitions
!  — — — — — — — — — — — — — — — — — — — —

      q =1. 6e—19
      K=1. 38e—23

      refTEMP=25. 0
      Iscref=3. 35
      Vocref=21. 7
      nid=1. 5
      Jtmp=0. 065
      Gamma=3
      Impref=3. 05
      Vmpref=17. 4

      Nc=36
!     Np=9
      Np=20
!     Ns=20
!     Ns=30
!     Ns=40
      Ns=50

      GL=1. 0

      IF(TIME. LT. DELT) THEN

        IF(NA. NE. 0) ENABCCIN(NA,SSN)=. TRUE.
```

```
    IF(NB. NE. 0) ENABCCIN(NB,SSN)=. TRUE.

    DG0(1,1)=0
    DG0(1,2)=GL
    DG0(2,1)=GL
    DG0(2,2)=0

    STOR(NEXC+11)=DG0(1,1)
    STOR(NEXC+12)=DG0(1,2)
    STOR(NEXC+13)=DG0(2,1)
    STOR(NEXC+14)=DG0(2,2)

  NODES(1)=NA
    NODES(2)=NB

    N=2
  FLAG=1

  CALL CHANGEG(DG0,NODES,SSN,N,FLAG)

ENDIF

IF(TIME. EQ. DELT) THEN

  GD(1,1)=GL
  GD(1,2)=GL
  GD(2,1)=GL
  GD(2,2)=GL

      DGN0(1,1)=GD(1,1)-STOR(NEXC+12)
      DGN0(1,2)=GD(1,2)-STOR(NEXC+12)
      DGN0(2,1)=GD(2,1)-STOR(NEXC+13)
      DGN0(2,2)=GD(2,2)-STOR(NEXC+13)

  STOR(NEXC+11)=GD(1,1)
  STOR(NEXC+12)=GD(1,2)
  STOR(NEXC+13)=GD(2,1)
    STOR(NEXC+14)=GD(2,2)

  N=2
  FLAG=1

  CALL CHANGEG(DGN0,NODES,SSN,N,FLAG)
```

```
        ENDIF

!  No need to dynamically change G matrix

!       IF(TIME. GT. DELT) THEN
!
!            GD(1,1)=GL
!    GD(1,2)=GL
!    GD(2,1)=GL
!    GD(2,2)=GL
!
!            DGN0(1,1)=GD(1,1)-STOR(NEXC+11)
!            DGN0(1,2)=GD(1,2)-STOR(NEXC+12)
!            DGN0(2,1) =GD(2,1)-STOR(NEXC+13)
!            DGN0(2,2)=GD(2,2)-STOR(NEXC+14)
!
!    STOR(NEXC+11)=GD(1,1)
!    STOR(NEXC+12)=GD(1,2)
!    STOR(NEXC+13)=GD(2,1)
!            STOR(NEXC+14)=GD(2,2)
!
!    N=2
!    FLAG=1
!
!    CALL CHANGEG(DGN0,NODES,SSN,N,FLAG)
!
!        ENDIF

! ----------------------
!    Model Code
! ----------------------


! ----------------------
! Convert integer parameters into double
! ----------------------

        tNc=DFLOAT(Nc)
        tNp=DFLOAT(Np)
        tNs=DFLOAT(Ns)


! ----------------------
! Recall the previous timestep IsA value
```

```
! ——————————————————————

    tIsAold ＝STOR(NEXC＋1)

! ——————————————————————
! Get the terminal voltage
! ——————————————————————

    tVsA ＝VDC(NA,SSN) － VDC(NB,SSN)

    tVsA＝tVsA ＊ 1000.0

! ——————————————————————
! Do the math
! ——————————————————————

! Vt：Thermal junciton voltage

    tVt＝ (((TMP ＋ 273) ＊ K) / q) ＊ tNc

    tVtref    ＝(((refTEMP ＋ 273) ＊ K) / q) ＊ tNc

    tEg＝ 1.16 － 0.000 702 ＊ (TMP ＋ 273) ＊＊ 2 / (TMP ＋ 273 － 1108)
    tEgref    ＝ 1.16 － 0.000 702 ＊ (refTEMP ＋ 273) ＊＊ 2 / (refTEMP ＋ 273 － 1108)

    tIoref＝ Iscref / (EXP(Vocref / (nid ＊ tVtref)) － 1.0)
    tIsc＝ Iscref ＊ ( INS / 1000.0 ) ＋ Jtmp / 100.0 ＊ Iscref ＊ (TMP － refTEMP)

    tAt＝ tIoref / ((refTEMP ＋ 273) ＊＊ Gamma ＊ EXP( －tEgref ＊ tNc / (nid ＊ tVtref) ))

! tIo：Saturation current

    tIo＝ tAt ＊ (TMP ＋ 273) ＊＊ Gamma ＊ EXP( －tEg ＊ tNc / (nid ＊ tVt) )

    tVoc＝ (nid ＊ tVt) ＊ LOG(tIsc / tIo ＋ 1.0)

    tRs＝ ((nid ＊ tVtref) ＊ LOG((Iscref － Impref) / tIoref ＋ 1.0) －Vmpref / Impref

    tIscA＝ tNp ＊ tIsc
    tVocA＝ tNs ＊ tVoc
    tRsA＝ tNs / tNp ＊ tRs

    tIsA＝ tIscA － tNp ＊ tIo ＊ (EXP((tVsA ＋ tIsAold ＊ tRsA) / (nid ＊ tNs ＊ tVt)) － 1.0)
```

```
STOR(NEXC+1)=tIsA


! ————————————————————
! Current injection is in KA
! ————————————————————


! Compensating the injection

      tIinj=tIsA + tVsA * GL

      C_inj = tIinj / 1000. 0


! ————————————————————
! DIRECTION OF INJECTION
! EMTDC:
! OUTGOING DIRECTION IS -
! INCOMING DIRECTION IS +
!
! RTDS:
! OUTGOING DIRECTION IS +
! INCOMING DIRECTION IS -
! ————————————————————

      IF(NA. NE. 0) CCIN(NA,SSN)=CCIN(NA,SSN) + C_inj
      IF(NB. NE. 0) CCIN(NB,SSN)=CCIN(NB,SSN) - C_inj

      NEXC=NEXC+30

      RETURN
      END



! ————————————————————
! This subroutine changes the values of the conducance matrix
! ————————————————————

      SUBROUTINE CHANGEG(DG,NDES,SSN,N,FLAG)
      INCLUDE 'nd. h'
      INCLUDE 's0. h'
      INCLUDE 's1. h'
```

```
            INCLUDE 's2. h'
            INCLUDE 's4. h'
            INCLUDE 'S8. h'
            INCLUDE 'branches. h'
            INCLUDE 'fill. h'


    ! ————————————————————
    ! Parameters
    ! ————————————————————


            REAL DG(2,2)
            INTEGER NDES(2)
            INTEGER SSN,N,FLAG


    ! ————————————————————
    ! Local variable
    ! ————————————————————


            INTEGER MIN_NODE
            INTEGER i,j

        IF (FLAG. EQ. 1) THEN

        DO 7 i=1,N,1
        DO 6 j=1,N,1

            GM(NDES(i),NDES(j),SSN)= GM(NDES(i),NDES(j),SSN)+DG(i,j)

6       CONTINUE
7       CONTINUE

    ENDIF

    DO 10 i=1,N,1
    DO 9  j=1,N,1

        FILLED(NDES(i),NDES(j),SSN)=. TRUE.

9       CONTINUE
1    0CONTINUE


    ! ————————————————————
    ! Set MXINV to force matrix triangularizations. . .
```

```
! ————————————————
```

```
      MIN_NODE=MIN(NDES(1),NDES(2))
      MXINV(SSN)=MIN(MXINV(SSN),MIN_NODE)

      RETURN
      END
```

MPPT algorithm：

脚本：

```
# SUBROUTINE my_PSS
# STORAGE REAL：30
      CALL my_PSS( $ IA, $ DUTY, $ DUTY_INC, $ NEW_DUTY, $ MODE)
```

调用子程序 my _ PSS. f：

```
! CALL my_PSS( $ DUTY, $ IA, $ DUTY_INC, $ NEW_DUTY, $ MODE)
! This subroutine takes Load Current & Duty Cycle and calculates the new Duty Cycle

      SUBROUTINE my_PSS(DUTY,IA,DUTY_INC,NEW_DUTY,MODE)

! ————————————————
!    Include and Common Block Declarations
! ————————————————
      INCLUDE 'nd. h'
      INCLUDE 's0. h'
      INCLUDE 's1. h'
      INCLUDE 's2. h'
      INCLUDE 's4. h'
      INCLUDE 's8. h'
      INCLUDE 'branches. h'


! ————————————————
!    Argument List：
! ————————————————

      REAL DUTY
      REAL IA
      REAL DUTY_INC
      REAL NEW_DUTY
      INTEGER MODE


! ————————————————
```

```
!     Parameter Declarations
! — — — — — — — — — — — — — — — — — — — — — —

      REAL   DUTY_ref
      REAL   mag
      REAL   startupTime


! — — — — — — — — — — — — — — — — — — — — —
!     Variable Declarations
! — — — — — — — — — — — — — — — — — — — — — —

      REAL Ds
      REAL Is

      REAL dDs
      REAL dIs

      REAL oldTime
      REAL curTime
      REAL samplePeriod

      INTEGER NRUNAVG
      INTEGER NRUNMPPT

      REAL Davg
      REAL Dold
      REAL fTemp
      REAL fTemp2

      INTEGER nTemp
      INTEGER nTemp2
      INTEGER nTemp3

      REAL tDold
          REAL tPold

! Run MPPT every 50ms (i. e. , after every 3 cycles) The Sampling time

      samplePeriod=0. 05

! MPPT starting up time is 0. 5 Sec (Starting time)

      startupTime=0. 5
```

! STOR(NEXC+11)= ptr to current table location —> 17
! STOR(NEXC+12)= ptr to last table location + 1 —> 27
! STOR(NEXC+13)= ptr to first table location —> 17
! STOR(NEXC+14)= average value —> 0. 0
! STOR(NEXC+15)= 1/num_pnts —> 0. 1
! STOR(NEXC+16)= output signal address —> Not Used
! STOR(NEXC+17)= table(1) data. . .

IF(TIME. LT. DELT) THEN

! Before simulation starts

STOR(NEXC+11)= 17
STOR(NEXC+12)= 27
STOR(NEXC+13)= 17
STOR(NEXC+14)= 0. 0
STOR(NEXC+15)= 0. 1
STOR(NEXC+16)= 0

STOR(NEXC+17)= 0. 0
STOR(NEXC+18)= 0. 0
STOR(NEXC+19)= 0. 0
STOR(NEXC+20)= 0. 0
STOR(NEXC+21)= 0. 0
STOR(NEXC+22)= 0. 0
STOR(NEXC+23)= 0. 0
STOR(NEXC+24)= 0. 0
STOR(NEXC+25)= 0. 0
STOR(NEXC+26)= 0. 0

ELSE IF(TIME. LT. startupTime) THEN

oldTime =STOR(NEXC+3)
curTime=oldTime +DELT

IF(curTime . GE. samplePeriod) THEN
    curTime=0. 0

! Moving average with last 10 values of Duty Ratio

nTemp =STOR(NEXC+11)
Dold =STOR(NEXC+nTemp)

```
            STOR(NEXC+nTemp)=DUTY

            nTemp2=STOR(NEXC+12)
            nTemp3 =STOR(NEXC+13)

            nTemp=nTemp + 1

            IF (nTemp . GE. nTemp2) THEN
                nTemp=nTemp3
            ENDIF

            STOR(NEXC+11)=nTemp

! STOR(NEXC+14): Moving average sum

            fTemp =STOR(NEXC+14)
            fTemp=fTemp - Dold
            fTemp=fTemp + DUTY
            STOR(NEXC+14)=fTemp

            fTemp2 =STOR(NEXC+15)

            Davg=fTemp2 * fTemp

            NEW_DUTY=Davg

        ENDIF

        STOR(NEXC+3)=curTime

        MODE=0

! NRUNMPPT The Mode operation

        STOR(NEXC+6)=0

        NEXC=NEXC + 30
        RETURN

    ENDIF

oldTime =STOR(NEXC+3)
```

```
    curTime=oldTime +DELT

IF (curTime . GE. samplePeriod) THEN

        curTime=0. 0

        NRUNMPPT =STOR(NEXC+6)

        IF (NRUNMPPT . EQ. 0) THEN
            NRUNMPPT=1
        ELSE
            NRUNMPPT=2
        ENDIF

        STOR(NEXC+6)=NRUNMPPT

    ELSE
        NRUNMPPT=0
    ENDIF

        STOR(NEXC+3)=curTime

! PV OUTPUT SENSORLESS METHOD

! Duty Ratio Increment 1. 0%

        mag=DUTY_INC

        IF (NRUNMPPT . EQ. 1) THEN

! MPPT First shot

            STOR(NEXC+1)=DUTY
            STOR(NEXC+2)=IA

        ENDIF

        IF (NRUNMPPT . EQ. 2) THEN

        tDold =STOR(NEXC+1)
          tPold =STOR(NEXC+2)

          Ds=DUTY
```

Is＝IA

dDs＝Ds － tDold
dIs＝Is － tPold

STOR(NEXC＋1)＝Ds
STOR(NEXC＋2)＝Is

DUTY_ref＝NEW_DUTY

IF (dDs . GE. 0.0) THEN

IF (dIs . GE. 0.0) THEN

Dtmp＝DUTY_ref ＋ mag
MODE＝0

ELSE

Dtmp＝DUTY_ref － mag
MODE＝1

ENDIF

ELSE

IF (dIs . GE. 0.0) THEN

Dtmp＝DUTY_ref － mag
MODE＝2

ELSE

Dtmp＝DUTY_ref ＋ mag
MODE＝3

ENDIF

ENDIF

NEW_DUTY ＝ Dtmp

ENDIF

NEXC＝NEXC ＋ 30

RETURN
END

exhaust temp fuction
脚本：

$x＝950－700 * (1－$wf1)＋550 * (1－$w)$

turbine torque fuction
脚本：

$y＝1.3 * ($wf2－0.23)＋0.5 * (1－$w)$

参 考 文 献

［1］乐健，毛涛，吴敏，等．PSCAD V4.6 电路设计与仿真从入门到精通［M］．北京：机械工业出版社，2020.

［2］李学生．PSCAD 建模与仿真［M］．北京：中国电力出版社，2013.

［3］王潇然，边郭新．光伏阵列在局部阴影下的建模与特性分析［J］．现代电子技术，2019（8）：109-112.

［4］崔秋丽．基于 PSCAD 的微电网控制系统建模与仿真［J］．可再生能源，2018，36（01）：72-77.

［5］苏娟宁，吴罗长，南海鹏．基于 PSCAD 的光储联合微网控制仿真研究［J］．电网与清洁能源，2016，32（03）：149-153.

［6］程时杰，曹一家，江全元．电力系统次同步振荡的理论与方法［M］．北京：科学出版社，2009.